Thomas Brand | Jörg Grüner

GEHÖLZ-KRANKHEITEN

Ziersträucher, Allee- und Parkbäume

6., aktualisierte und erweiterte Auflage

644 Farbfotos
3 Sporentafeln
1 Zeichnung

Inhalt

Beschreibung und Abbildung von Schadsymptomen bei Gehölzen

Berg-Ahorn (*Acer pseudoplatanus*) mit gleichzeitiger Infektion durch *Cryptostroma corticale* (Rußrindenkrankheit) mit dunklem Sporenrasen unter der Rinde (links) und *Stegonsporium pyriforme* mit dunklen Flecken auf und hellem Holz unter der Rinde (rechts)

Einleitung

Die mittlerweile 6. Auflage dieses Werks, vormals „Farbatlas Gehölzkrankheiten", folgt dem bewährten Grundgedanken, häufige und auffällige abiotische oder biotische Schadursachen an Gehölzen im öffentlichen Grün sowie in Gärten mit prägnanten Texten und charakteristischen Bildern vorzustellen.

Seit der 5. Auflage (2017) erlebten wir in großen Teilen Mitteleuropas Dürrejahre bislang nicht gekannten Ausmaßes. Weder die Häufung der Trockenphasen, deren Dauer noch die Extreme waren bisher typisch für unsere Weltregion. Die ungenügenden Niederschlagsmengen bei oft gleichzeitig hohen Temperaturen sowie lokal katastrophal auftretende Unwetter machten vielen die Abhängigkeit von Wetter und Klima begreiflicher. Auch die Gehölze in unserem Umfeld sind davon betroffen: Einerseits wirken Wassermangel, Hitze, Sturm und Überschwemmung als direkte Stressfaktoren auf sie ein, andererseits werden einige Schaderreger gefördert. Die Borkenkäfer sind hierbei nur das bekannteste Beispiel trockenstressgeförderter Krankheiten und Schädlinge. Dieser Entwicklung versuchen wir mit der Aufnahme solcher Beispiele in dieses Buch Rechnung zu tragen.

Selbstverständlich bleiben die bekannten Schadursachen und neu auftretende, invasive Arten relevant. Auf Basis der im Wesentlichen von den ehemaligen Autoren Prof. Dr. Franz Nienhaus, Prof. Dr. Bernd Böhmer sowie Prof. Dr. Heinz Butin erarbeiteten früheren Auflagen erfolgte die inhaltliche Überarbeitung mit dem Ziel, die aktuell bedeutendsten Gehölzkrankheiten und -schädlinge darzustellen. Für 61 in Gärten und im öffentlichen Grün verwendete Gehölzgattungen werden zunächst kurz die wichtigsten Schadursachen angesprochen, jeweils mit Verweis auf weitere Information, entweder im vorliegenden Buch (**Abb.**) oder in der Literatur (**LIT**). Darauf folgt für jede aufgenommene Gehölzgattung eine reich bebilderte Zusammenstellung ausgewählter Schadursachen, zu denen charakteristische Erkennungsmerkmale (**EM**), Verwechslungsmöglichkeiten (**VM**) und die je nach Notwendigkeit sinnvollen Gegenmaßnahmen (**GM**) angegeben werden. Zusätzlich wird bei einzelnen Schadursachen auf weiterführende Literatur verwiesen (**LIT**).

Zwar geben die gewählten Bilder und prägnanten Texte meist ausreichend Hinweise, jedoch können sie grundsätzlich die fundierte Diagnose und Beratung versierter Fachleute, beispielsweise bei den amtlichen Pflanzenschutzdienststellen (**PSD**), nicht ersetzen. Denn nur wenn die Ursachen der Schädigung bekannt sind, lassen sich auch die geeigneten Maßnahmen treffen. Die in diesem Buch genannten Gegenmaßnahmen (**GM**) beziehen sich auf den Privatgarten und das öffentliche Grün. In Baumschulen, in denen die Gehölze herangezogen werden, sind oftmals weitergehende Gegenmaßnahmen notwendig und sinnvoll.

Ihnen, den Nutzern des Taschenatlas Gehölzkrankheiten, wünschen wir viel Erfolg!

Rastede, Freiburg — Herbst 2023

Die Verfasser

Schadursachen und Pflanzenschutz

Gehölze sind vielfachen Einflüssen ausgesetzt, die negativ auf die Lebensvorgänge einwirken und Schäden verursachen können.
Zum einen sind es ungünstige Umweltbedingungen, sogenannte abiotische Schadursachen, die Gehölze schädigen: Mangel oder Überschuss der lebensnotwendigen Wachstumsfaktoren Wasser, Licht, Wärme, Nährstoffe und Luft, aber auch mechanische Überlastung oder Einwirken von Schadstoffen. Zum anderen sind Pflanzen Nahrung und Lebensraum für verschiedene Organismen: Krankheitserreger wie Viren, Bakterien und Pilze parasitieren auf Gehölzen ebenso wie verschiedenste tierische Schädlinge. Nicht alle Schaderreger sind dabei so aggressiv, dass der Wirt gefährdet ist. Manche werden nur unter bestimmten Umweltbedingungen aktiv und der Schaden an der Pflanze relevant. Viele Krankheitserreger und Schädlinge sind Nutznießer von Vorschädigungen (Sekundär- oder Schwächeerreger). Sie vermögen nur über Wunden einzudringen oder geschwächte Pflanzen zu befallen.
Um negative Einflüsse abiotischer Schadursachen, Krankheitserreger und Schädlinge möglichst gering zu halten, werden Pflanzenschutzmaßnahmen ergriffen. Nach der Definition im Pflanzenschutzgesetz (Gesetz zur Neuordnung des Pflanzenschutzrechts vom 6. Februar 2012) ist der **Integrierte Pflanzenschutz** „eine Kombination von Verfahren, bei denen unter vorrangiger Berücksichtigung biologischer, biotechnischer, pflanzenzüchterischer sowie anbau- und kulturtechnischer Maßnahmen die Anwendung chemi-

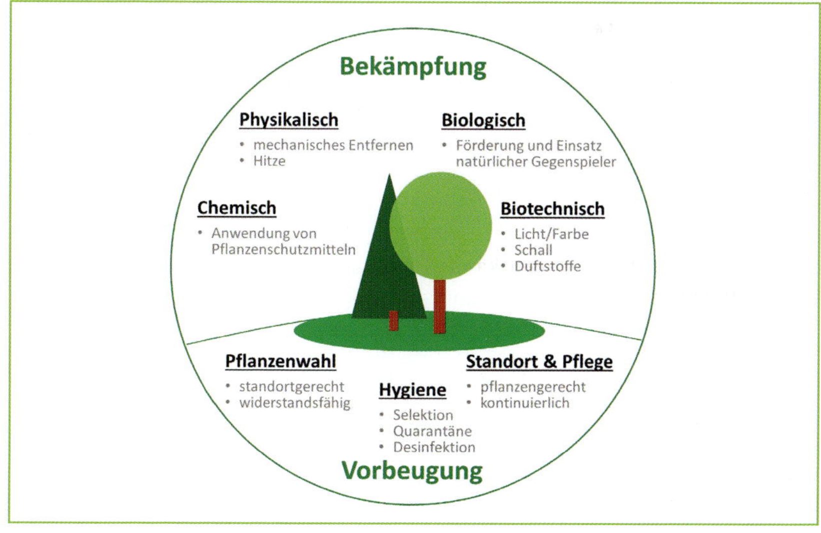

scher Pflanzenschutzmittel auf das notwendige Maß beschränkt wird.“
Die indirekten Maßnahmen der Vorbeugung bilden die Basis. Durch die Auswahl für einen Standort geeigneter Gehölze sowie weniger anfälliger (widerstandsfähiger, toleranter, resistenter) Arten und Sorten werden etliche Probleme schon vor der Pflanzung verhindert. Die Standortvorbereitung ist ebenso wichtig wie die korrekte Pflanzung und artgerechte Pflege, um die gesunde Entwicklung von Bäumen und Sträuchern zu gewährleisten. Hygiene hilft weiter, die Wahrscheinlichkeit eines Befalls zu reduzieren: Nur gesundes Pflanzgut findet Verwendung, befallenes Pflanzenmaterial wird beseitigt, Werkzeug gereinigt und ggf. desinfiziert, Schaderreger werden durch Barrieren von der Pflanze ferngehalten.
Trotz aller vorbeugender Maßnahmen treten Krankheitserreger und Schädlinge auf, denn Pflanzen unterliegen den natürlichen Prozessen, werden von anderen Organismen besiedelt, genutzt und ausgebeutet. Um Gehölzen bei bestehendem Befall zu helfen, sind direkte Maßnahmen der **Bekämpfung** zu ergreifen.
Biotechnische Methoden nutzen chemische oder physikalische Reize, um tierische Schädlinge anzulocken (z. B. farbige Klebefallen, Pheromonfallen) oder zu vertreiben (Schall, Repellentien).
Der **biologische Pflanzenschutz** hat eine große Bedeutung erlangt. Förderung, Schonung und Einsatz natürlicher Gegenspieler (Insekten, Spinnentiere, Vögel, Amphibien, Reptilien und Säugetiere) erschweren die Etablierung größerer Schaderregeraufkommen. Eine hohe Biodiversität stabilisiert die Balance zwischen Wirtspflanze und Schaderreger. Durch naturnahe Gestaltung und rücksichtsvolle Pflege der Grünanlagen, lassen sich Rückzugsbereiche, Versteck- und Nistmöglichkeiten, Überwinterungsquartiere sowie Nektarquellen schaffen, die das natürliche Auftreten nützlicher Organismen fördern. Der Einsatz in Massen vermehrter Nützlinge im Freiland ist – mit Ausnahme des Nematodeneinsatzes gegen Dickmaulrüsslerlarven und Engerlinge des Gartenlaubkäfers – von geringer Bedeutung.
Physikalische Maßnahmen erfolgen meist durch mechanisches Entfernen des Befalls. Dadurch wird das Schaderregeraufkommen verringert und die wesentliche Infektionsquelle entfernt. Thermische Bekämpfung mittels Hitze ist an lebenden Pflanzen nur selten durchführbar.
Wird trotz aller Alternativen die Anwendung **chemischer Pflanzenschutzmittel** notwendig, muss diese im Rahmen der gesetzlichen Regelungen sachgerecht und umweltschonend erfolgen. Die Anwendungsbestimmungen und Auflagen der Gebrauchsanweisung sind zu beachten. Neben dem Anwenderschutz sind insbesondere der Bienenschutz sowie der Schutz von Grund- und Oberflächenwasser zu betonen. Nur bei angemessenem Umgang mit den Substanzen können vermeidbare Risiken ausgeschlossen werden.
Auskünfte über die Zulassung und Eignung von Pflanzenschutzmitteln für bestimmte Anwendungsgebiete (Indikationen: Pflanze und Schadorganismus) sowie über sinnvolle Alternativen erteilen unter anderem die zuständigen Pflanzenschutzdienste der Bundesländer (S. 282).

Erklärung von Fachbegriffen und Abkürzungen

adult: erwachsen, geschlechtsreif
Aecidien (auch **Aecien**): meist lebhaft gefärbte, becherförmige oder blasenartige Sporenbehälter der Rostpilze mit Aecidiosporen
apikal: an der Spitze gelegen; scheitelständig
Apothecien (Einz.: **Apothecium**): schüsselförmige Fruchtkörper der Schlauchpilze (Ascomyceten)
Asci (Einz.: **Ascus**): schlauch- oder sackförmige Zellen, in denen Ascosporen gebildet werden
Ascomyceten: Pilze mit schlauch- oder sackförmigen Sporenbehältern (Asci), in denen geschlechtliche Sporen (Ascosporen) entstehen
Basidiomyceten: Pilze mit Ständerzellen (Basidien), an deren Oberfläche geschlechtliche Sporen (Basidiosporen) gebildet werden
Braunfäule: Holzzersetzung und -verfärbung durch Pilze, die aus verholzten Zellwänden die Cellulose und Hemicellulose abbauen; Lignin wird nicht abgebaut; brauner, spröder, querrissiger Rückstand (Würfelbruch)
Buchtenfraß: am Blattrand eingefressene Buchten; Fraßbild durch Rüsselkäfer
Chlorose: gelbliche bis grünlich weiße Verfärbung von Blättern oder Nadeln durch Chlorophyllabbau oder verminderte Chlorophyllbildung
Endophyten: Mikroorganismen (Bakterien und Pilze), die in gesundem Pflanzengewebe zunächst symptomlos leben, unter bestimmten Bedingungen jedoch als Schwächeparasiten zur Entstehung von Krankheitssymptomen beitragen
Epiphyten: auf höheren Pflanzen autotroph oder saprobisch lebende Pflanzen oder Mikroorganismen, nicht direkt schädigend
Exuvien: bei der Larvenhäutung abgestreifte Häute von Insekten und Milben
Fensterfraß: Fraß nur auf einer Blattseite, wobei die gegenüberliegende Epidermis als durchsichtige Zellschicht erhalten bleibt
Frosttrocknis: winterlicher Austrocknungsschaden, charakterisiert durch Verbräunen und Absterben besonders von jungen Nadeln oder Trieben bei anhaltend tiefen Temperaturen und gleichzeitig starker Wind- und/oder Sonnenexposition
Gallen: durch Pilze, Bakterien oder tierische Organismen verursachte und gesteuerte, spezifische Gewebewucherungen an Pflanzenorganen (Blätter, Spross, Wurzel)
Hauptfruchtform: Teleomorphe; Pilzfruchtkörper mit geschlechtlich entstandenen Sporen (Gegenteil: Nebenfruchtform)
Hexenbesen: Wuchsanomalien aus besenartigen, dicht stehenden, verkürzten Trieben mit kleineren Blättern oder Nadeln durch vielfachen Austrieb infizierter Seitenknospen
Honigtau: zuckerhaltige Ausscheidung von Pflanzensaugern, die Phloemsaft saugen (z. B. Blattläuse, Schildläuse, Zikaden)
Hyphen: fadenförmige, meist durch Querwände in Zellen geteilte Elemente des Vegetationskörpers von Pilzen (vgl. Mycel)
Imagines (Einz.: **Imago**): voll ausgebildete, geschlechtsreife Insekten
imperfekte Pilze: Fungi imperfecti; Pilze, in deren Entwicklungsgang ein

Sexualvorgang (mit Hauptfruchtform) fehlt oder nicht bekannt ist
Infektion: Ansteckung; Eindringen eines Pathogens oder Parasiten in einen Wirt und Etablierung eines dauerhaften oder zeitweisen parasitischen Verhältnisses
Interkostalfelder: Flächen der Blattspreite zwischen größeren Blattadern
invasive Arten: gebietsfremde, vom Menschen eingeschleppte, etablierte Arten (Pflanzen, Pilze, Tiere), die unerwünschte Auswirkungen verursachen
Kahlfraß: Fraßbild, bei dem die Blätter vollständig gefressen werden
Kambium: teilungsfähiges Gewebe bei Gehölzen zwischen Holzgewebe und Rindengewebe; bewirkt das sekundäre Dickungswachstum der Bäume
Kleistothecien (Einz.: **Kleistothecium**): allseitig geschlossene Fruchtkörper der Schlauchpilze; bei Echten Mehltaupilzen als Chasmothecien bezeichnet
Konidien: ein- oder mehrzellige, ungeschlechtlich entstandene Sporen (Verbreitungsorgane) der Pilze
Krebs/Krebswunde: mehrjährige, meist nicht ausheilende, durch Schaderreger verursachte Holz- und Rindenerkrankung mit periodischen Überwallungsreaktionen
Lochfraß: Fraßbild mit Löchern in der Blattspreite
Makro-/Mikrokonidien: größere bzw. kleinere Konidienform von Pilzen, die gleichzeitig unterschiedliche Konidientypen bilden
Minierfraß: Fraß im Gewebeinneren zwischen oberer und unterer Blattepidermis, wobei schmale Gangminen oder Platzminen entstehen
Moderfäule: Holzzersetzung durch Pilze ähnlich einer Braunfäule, bei der hauptsächlich Cellulose abgebaut, Lignin aber kaum modifiziert wird; das Erscheinungsbild ähnelt jedoch eher einer Weißfäule
Mycel: Pilzgeflecht; Gesamtheit der Hyphen
Nebenfruchtform: Anamorphe; Pilzform mit ungeschlechtlich gebildeten Sporen (Konidien) in Fruchtkörpern oder an freien Sporenträgern (Gegenteil: Hauptfruchtform)
Nekrose: meist lokal auftretender Zell- und Gewebetod, der in der Regel mit Braunfärbung einhergeht
Nymphen: Jugendstadien von Milben oder Insekten mit ähnlichem Aussehen wie das adulte Tier; bei Insekten mit unvollständiger Verwandlung, bereits mit Flügelansätzen
Parasit: Organismus, der sich fakultativ oder obligat von der Biomasse anderer Lebewesen ernährt
parthenogenetisch: Vermehrungsform ohne Befruchtung der Eizellen bei Insekten und Milben
Perithecien (Einz.: **Perithecium**): kugel- oder flaschenförmige, oft mit einer apikalen Öffnung versehene Fruchtkörper der Ascomyceten
Phloem: Teil des Leitgewebes, in dem Assimilate (Endprodukte der Photosynthese) transportiert werden
Phytoplasmen (früher **Mykoplasmen**, MLO): Bakterien ohne Zellwand, mit veränderlicher Zellform; Krankheitserreger im Phloem von Pflanzen
polyphag: Ernährung von mehreren, unterschiedlichen Wirten
Pyknidien (Einz.: **Pyknidium**): kugelige, ungeschlechtlich entstandene Fruchtkörper mit Konidien
Rhizomorphen: bündelartige, mehrere Millimeter dicke, braune Mycelstränge, z. B. der Hallimasche
Rindenbrand: scharfrandig begrenzte Rindennekrose
Rußtau: dunkel gefärbter Pilzrasen

auf mit Honigtau oder Nektar beschmutzten Flächen
Saprobionten: Organismen, die sich von totem, organischem Material **saprobisch** ernähren
Schabefraß: flacher, oberflächlicher Blattfraß; Fraßbild z. B. von Schnecken, (jungen) Raupen und Afterraupen
Schlauchpilze: Ascomyceten
Schwächeparasit: Organismus, der nur an geschwächten, in ihrer Widerstandskraft beeinträchtigten Wirten Fuß fassen kann
Seneszenz: Alterung von Organismen oder einzelnen Organen; natürlicher, teils endogen gesteuerter Vorgang, der durch belastende Umwelteinflüsse ausgelöst oder beschleunigt werden kann
Siphonen: paarige, kurze oder längere Röhrchen mit Sekretfunktion; arttypisch für Röhrenblattläuse
Skelettierfraß: Fraßbild, bei dem nur die gröberen Blattadern stehen bleiben
Sklerotien (Einz.: **Sklerotium**): Überdauerungsorgane der Pilze, bestehend aus kompaktem, dauerhaftem Gewebe
Sporodochien (Einz.: **Sporodochium**): polsterförmige Mycelbildungen mit Konidienproduktion
Ständerpilze: Basidiomyceten
Stromata (Einz.: **Stroma**): kompakte, zelluläre Gewebe, auf oder in denen Fruktifikationsorgane sitzen bzw. eingesenkt sind
systemisch: Ausbreitung eines Erregers oder eines Stoffes innerhalb eines fremden Organismus
Teleutolager (**Telien**): meist bräunliche Sporenlager der Rostpilze mit dickwandigen Teleutosporen (Wintersporen)
Uredolager (**Uredien**): meist leuchtend gelbe Sporenlager von Rostpilzen mit Uredosporen (Sommersporen)
Viren (Einz.: **Virus**): ultramikroskopische, infektiöse Partikel ohne eigenen Stoffwechsel; obligate Parasiten
Weißfäule: Holzzersetzung und -verfärbung durch Pilze, die aus verholzten Zellwänden vorwiegend Lignin, teilweise auch Cellulose und Hemicellulose abbauen
Wirtswechsel: obligater Übergang von Rostpilzen oder Blattläusen von einer Wirtspflanze auf eine nicht verwandte Wirtspflanzenart, verbunden mit der Ausbildung verschiedener Sporenformen bzw. Stadien
Wundleiste: durch wiederholtes Aufreißen und Überwallen von Rindenrissen („Frostrissen“) entstandenes Überwallungsgewebe
Xylem: Teil des Leitgewebes, in dem Wasser und Nährsalze transportiert werden

Abkürzungen
EM – Erkennungsmerkmal
VM – Verwechslungsmöglichkeit
GM – Gegenmaßnahmen (Vorbeugung und Bekämpfung)
LIT – Literatur
PSD – Pflanzenschutzdienst

Abies (Tanne)

- **an Knospen, Nadeln**
  - Nadelverfärbung durch Frost: Abb. 1 oder chloridhaltiges Auftaumittel: vgl. Abb. 179
  - Kümmerwuchs mit Nadelvergilbung durch andere abiotische Faktoren: Abb. 4
  - Nadelverdrehung durch Einbrütige Tannentrieblaus (*Adelges* [*Dreyfusia*] *nordmannianae*): Abb. 2
  - Nadelverdrehung durch Weißtannentrieblaus (*Mindarus abietinus*): Läuse grün, mit Wachsflaum

- **an Trieben**
  - Welke und Nadelverfärbung durch Spätfrost: vgl. Abb. 177
  - Triebsterben durch Grauschimmel (*Botrytis cinerea*): LIT 11, 18
  - Triebanschwellung, Triebsterben durch Einbrütige Tannentrieblaus (*Adelges* [*Dreyfusia*] *nordmannianae*): Abb. 2

- **an Ästen, am Stamm**
  - Saugschäden durch Tannenrindenlaus (*Cinara curvipes*): Abb. 3

Abb. 1: Nadelverfärbung durch Frosttrocknis, „Winterdürre"

EM: ab Frühjahr jüngste Nadeln ganz oder teilweise braunrot verfärbt, meist auf Süd-/Südwestseite; übrige Nadeln grün; Knospen können absterben

VM: Winterfrostschäden: nur Nadelspitzen braun; Schäden durch Tannentrieblaus (Abb. 2); Pilzinfektionen (LIT 18)

GM: gute Wasser- und Nährstoffversorgung

Abb. 2: Deformation, Triebsterben durch Einbrütige Tannentrieblaus (*Adelges [Dreyfusia] nordmannianae*)

EM: überwiegend abwärts gekrümmte Nadeln durch Saugen dunkler, kurzrüsseliger Sommerjungläuse an Maitriebnadeln (a, b); Häutungsreste nadelunterseits; Nadeln werden missfarben; Triebsterben durch rindensaugende, langrüsselige Winterläuse (c)

VM: Weißtannentrieblaus: Läuse graugrün, Nadeln aufwärtsgekrümmt; Frosttrocknis (Abb. 1); *Botrytis*-Infektion (LIT 18)

GM: bei Einzelbäumen befallene Triebe ausschneiden; frühzeitige Behandlung mit einem gegen saugende Insekten zugelassenen Insektizid

Abb. 3: Saugschäden durch Tannenrindenlaus (*Cinara curvipes*)

EM: auf der Rinde Kolonien 4 bis 5 mm großer Läuse; Hinterleib mattschwarz, Brust glänzend schwarz (a); Honigtaubildung (b); nur Lästling

VM: Braunschwarze Tannenrindenlaus (*Cinara confinis*): Läuse bräunlich

GM: Abspritzen mit starkem Wasserstrahl; keine Insektizidanwendung

Abb. 4: Degeneration durch nichtparasitäre Faktoren

EM: auf jüngere Bäume beschränkte, allgemeine Verfallserscheinungen, charakterisiert durch Kümmerwuchs, verkürzte Triebe, verkleinerte Nadeln, anfangs auch Nadelvergilbung, schließlich Verbräunung und Abfallen von Nadeln; unspezifisches Krankheitsbild, mögliche Ursachen: Staunässe, Bodenverdichtung, mangelnde Nährstoff- oder Spurenelementversorgung, Wurzelschädigung

GM: Bodenverbesserung (Bodenlockerung, evtl. Dränage, ausgewogene Düngung)

Acer (Ahorn)

- **an Blättern, Knospen**
- Blattrandnekrosen durch chloridhaltiges Auftaumittel: Abb. 5 oder Trockenheit: Abb. 19
- Blattfleckung durch Sonnenbrand (Hitzeschaden): Abb. 6
- Blattverfärbung durch Nährstoffmangel: vgl. Abb. 239
- chlorotische Fleckung durch Virusinfektion: LIT 16
- große, braune Flecke durch *Petrakia echinata*: Abb. 7 bzw. *Pleuroceras pseudoplatani*: Abb. 8
- 1 bis 3 cm große, bräunliche Flecke durch *Phyllosticta minima*: Konidien ähnlich Tafel I/11
- schwarze Blattflecke durch Ahornrunzelschorf (*Rhytisma acerinum*): Abb. 9
- weiße Überzüge durch Echte Mehltaupilze (*Sawadaea*-Arten): Abb. 10
- „Weißfleckigkeit" durch Pilzinfektion (*Cristulariella depraedans*): Abb. 11
- hellbraune, rundliche Blattflecke durch Fenstergallmücke (*Dasineura vitrina*): Abb. 12
- löcherige Saugschäden durch Ahornborstenlaus (*Periphyllus testudinaceus*): Abb. 14
- starke Honigtauausscheidung durch Ahornzierlaus
- silbrig weiße Sprenkelung durch Zwergzikaden (*Edwardsiana* sp.): Abb. 15
- Gallmilben-Befall: Abb. 13
- Fraßschäden durch Schmetterlingsraupen: Abb. 16
- Blattschäden durch Ahornminiermotten: *Phyllonorycter geniculella* an Berg-Ahorn, *P. platanoidella* an Spitz-Ahorn: Minen ähnlich Abb. 198

- **an Ästen, am Stamm**
- streifenartige Rindennekrosen durch Sonnenbrand: Abb. 18
- Absterben von Rinde durch Pilzinfektion mit *Stegonsporium pyriforme* („*Stegonsporium*-Ahorntriebsterben"): Abb. 20
- Kronenwelke, Rindennekrosen mit dunkler Sporenmasse „Rußrindenkrankheit" (*Cryptostroma corticale*): Abb. 21
- Kronenwelke und Baumsterben durch Welkepilz (*Verticillium dahliae*): Abb. 22
- Aststerben, Rindennekrosen durch Rotpustelpilz (*Nectria cinnabarina*): Abb. 17
- Stammfäule durch holzzersetzende Pilze: Behangener Seitling (*Pleurotus dryinus*): LIT 14 oder Schuppiger Porling (*Cerioporus* [*Polyporus*] *squamosus*): vgl. Abb. 134
- Baumsterben durch Asiatischen Laubholzbockkäfer (*Anoplophora glabripennis*): Abb. 23 oder Citrusbockkäfer (*Anoplophora chinensis*): Abb. 302

- **am Stammfuß**
- braune Konsolen von Lackporlingen (*Ganoderma*-Arten): vgl. Abb. 111 oder büschelig wachsende Hutpilze von Sparrigem Schüppling (*Pholiota squarrosa*): LIT 14
- Wurzelhalsfäule durch *Phytophthora*-Arten

Abb. 5: Blattrandnekrosen durch Auftaumittel

EM: Blattränder bräunlich oder rotbraun; vertrocknet, oft eingerollt (b); Schäden an straßenzugewandter Seite (a); sicherer Nachweis durch chem. Blattanalyse

VM: Anfangsstadium von Dürreschaden: Differenzialdiagnose durch Chloridnachweis (LIT 18)

GM: Verwendung chloridarmer Auftaumittel

Abb. 6: Fleckenartige Blattverbräunung durch starke Sonneneinstrahlung (Hitzeschaden)

EM: interkostal liegende, unregelmäßig geformte, bräunliche Flecke mit diffusem Rand; bei größeren Nekrosen Blattdeformation und vorzeitiger Blattfall; Fehlen pilzlicher Strukturen; besonders nach heißen, strahlungsreichen Tagen

VM: Verfärbung durch Nährstoffmangel; Saugschäden durch Blattläuse; Pilzinfektionen (Abb. 8)

GM: nicht möglich

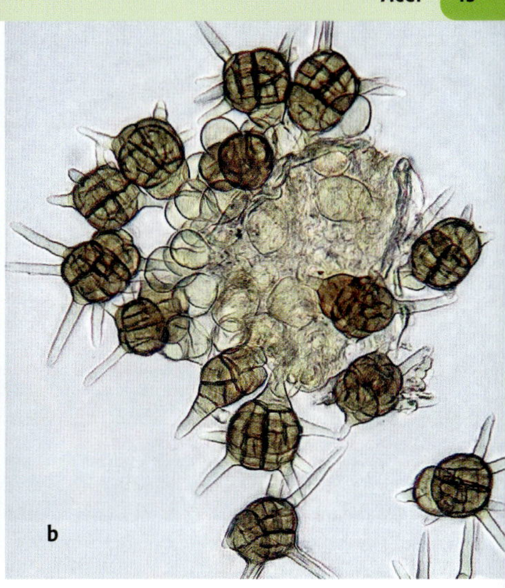

Abb. 7: Blattfleckung durch „Petrakia-Blattbräune" (*Petrakia echinata*)

EM: auf Blättern von Berg-Ahorn bis 5 cm große, gezonte, graubraune Flecke (a); oberseits weiße, später schwarze Sporodochien mit mehrzelligen, braunen Konidien (b); vorzeitiger Blattfall; Neuinfektion durch Ascosporen der Hauptfruchtform im Frühjahr

VM: Pleuroceras-Blattbräune (Abb. 8)

GM: Beseitigung des Falllaubes

Abb. 8: Blattfleckung durch „Pleuroceras-Blattbräune" (*Pleuroceras pseudoplatani*) an Berg-Ahorn

EM: blattoberseits braune, 2 bis 5 cm große Flecke, anfangs mit fransenförmigem Rand, später einheitlich blassbraun mit dunklem, glattem Rand; blattunterseits schwarzbraune Adernverfärbung mit winzigen Fruchtkörpern der *Asteroma*-Spermatienform; bei ausgedehnten Nekrosen Blattverkrümmung und Vergilbung

VM: Petrakia-Blattbräune (Abb. 7): unterseits keine Adernschwärzung! Strahlungsschäden (Abb. 6)

GM: Beseitigung des Falllaubes

Abb. 9: Blattfleckung durch Pilzinfektion (*Rhytisma acerinum*), „Ahornrunzelschorf", „Teerfleckenkrankheit"

EM: ab Sommer blattoberseits meist mehrere schwarze Flecke (a, rechts auf Berg-Ahorn, links auf Spitz-Ahorn), oft mit gelblichem Rand; im Stroma flache Fruchtkörper der *Melasmia*-Konidienform; (b: ein breiter, brauner Rand zeigt den Befall durch den Hyperparasiten *Ascochyta velata* an); im folgenden Frühjahr auf abgefallenen Blättern Hauptfruchtform mit spaltenförmig sich öffnenden Apothecien (c); mehrere, wirtsabhängige Rassen; keine wesentliche Beeinträchtigung des Baumes; leichter Befall eher ästhetische Bereicherung

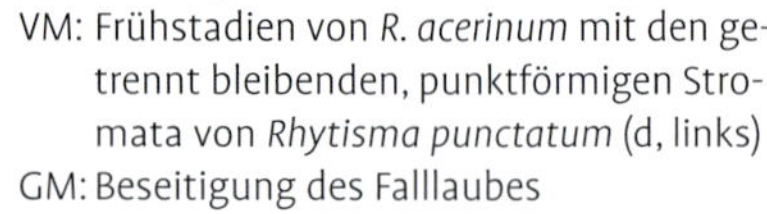

VM: Frühstadien von *R. acerinum* mit den getrennt bleibenden, punktförmigen Stromata von *Rhytisma punctatum* (d, links)

GM: Beseitigung des Falllaubes

Abb. 10: Weiße Blattfleckung oder Überzüge durch Echte Mehltaupilze (*Sawadaea*-Arten), „Ahornmehltau“

EM: a, b) *Sawadaea* (*Uncinula*) *tulasnei*, hier an Spitz-Ahorn: blattoberseits rundliche, scharf begrenzte Flecke (a); ab Spätsommer gelbliche, dann braunschwarze, kugelige Fruchtkörper (b);
c) *Sawadaea* (*Uncinula*) *bicornis*, hier an Feld-Ahorn: auf beiden Blattflächen diffuse, meist zusammenhängende Überzüge; junge Blätter oft verformt

VM: *Cristulariella depraedans* (Abb. 11); Zikaden-Befall (Abb. 15)

GM: nicht erforderlich

Abb. 11: Blattfleckung durch Pilzinfektion (*Cristulariella depraedans*) auf Berg-Ahorn, „Weißfleckigkeit“

EM: kleine, rundliche, grauweiße Flecke (a); blattunterseits kleine, gestielte, weiße Sporenköpfchen (b, Pfeil); Blatt später löcherig; auch auf Eiche und Hainbuche

VM: Befallsbild der Ahornfenstergallmücke an Berg-Ahorn (Abb. 12)

GM: nicht erforderlich

Abb. 12: Blattfleckung durch Ahornfenstergallmücke (*Dasineura vitrina*)

EM: anfangs grünlich gelbe, linsenförmige, kreisrunde Gallen, unterseits mit „Sichtfenster“; innen weißliche Larve; im Spätstadium oft Entwicklung halbparasitischer Pilze (z. B. *Diplodina acerina*); im Endstadium löcherige, hellbraune Flecke

VM: *Cristulariella depraedans* (Abb. 11a); *Drisina glutinosa*: sehr flache, kreisrunde, hellgrüne bis gelbliche Galle, oft bräunlich durch Endophyten-Befall; Filzgalle blattunterseits (Abb. 13d)

GM: nicht erforderlich

Abb. 13: Gallenbildung durch Gallmilben (*Aceria*- und *Vasates*-Arten)

EM: a) Körnchengalle (*Aceria cephalonea*) an Feld-Ahorn: Blattgalle grün, später rötlich; b) Hörnchengalle (*Aceria macrorhyncha*) an Berg-Ahorn: bis 3 mm hohe, hörnchenartige Ausstülpungen, innen Milben; c) Köpfchengalle (*Vasates quadripedes*) an Silber-Ahorn: Gallen unregelmäßig kugelig, erst grün, dann leuchtend rot, schließlich schwarz; d) Filzgalle (*Aceria pseudoplatani*) an Berg-Ahorn: auf Blattoberseite erhabene, hellgrüne, später dunkelbraune Flecke, unterseits weiße bis rötliche Filzrasen, meist in Nervenwinkeln; im Filz zahlreiche, 0,16 mm lange Milben (LIT 4)

GM: nicht erforderlich

Abb. 14: Saugschäden durch Ahornborstenlaus (*Periphyllus testudinaceus,* Syn. *P. villosus*)

EM: vor Blattentfaltung entstehende, grünweiße, in Reihe angeordnete Blattwölbungen, die lochartig aufreißen (a); unterseits 3 bis 4 mm große, grünlich schwarze, borstentragende Läuse (b), später auch an Trieben; ab Juni grüne, sesshafte, unscheinbare „sommerliche Ruhelarven"
VM: andere Läusearten
GM: nicht erforderlich

Abb. 15: Weißliche Sprenkelung durch Zwergzikaden-Befall (z. B. *Edwardsiana nigriloba*)

EM: blattoberseits winzige, weißliche, teilweise zusammenfließende Punkte oder Flecke; unterseits im Frühjahr hellgelbe, bei Störung wegspringende Larven; ab Juli 3 bis 4 mm lange, adulte Zikaden mit schwarzer Flügelmusterung; daneben weißliche Larvenhüllen (vgl. Abb. 37)
VM: andere Zikadenarten
GM: nicht erforderlich

Abb. 16: Fraßschäden durch Schmetterlingsraupen

EM: a, b) Kleiner Frostspanner (*Operophtera brumata*): Schäden durch Loch- oder Sklelettierfraß (a, hier an Spitz-Ahorn); Raupe grün, mit hellen Längsstreifen, bis 20 mm lang (b), Massenauftreten möglich; auf zahlreichen Laubbäumen; meist Wiederbegrünung auch nach starkem Befall

c) Ahorneule (*Acronicta aceris*): Skelettierfraß durch 4 bis 5 cm lange Raupe mit rotbraunen Haarbüscheln und weißen Rückenflecken; polyphag

VM: andere Schmetterlingsraupen

GM: Raupen absammeln; Vogelnistkästen aufhängen; gegen Frostspanner im Herbst Leimringe an den Stamm anbringen

Abb. 17: Rindennekrosen und Aststerben durch Pilzinfektion (*Nectria cinnabarina*), „Rotpustelkrankheit“

EM: an größeren Ästungswunden elliptische Nekrosen (a) mit Fruchtkörpern der Nebenfruchtform (*Tubercularia vulgaris*, b); Konidien zylindrisch-ellipsoid, einzellig; ab Herbst rote, in Gruppen zusammenstehende Perithecien der Hauptfruchtform (c); Wunden können überwallt werden; dünnere Äste sterben ab (z. B. beim hochanfälligen *Acer palmatum*)

VM: andere *Nectria*- bzw. *Neonectria*-Arten (LIT 11)

GM: vorbeugend frühzeitige, fachgerechte Ästung; ausreichende Wasserversorgung, vor allem bei frisch gepflanzten Bäumen

Abb. 18: Rindenschädigung durch Überhitzung, Sonnenbrand

EM: an jüngeren Bäumen auf der Süd-/Südwestseite bis 1,50 m lange, verschieden breite, abgestorbene Rindenstreifen oder Rindenrisse (a), vor allem bei Neuanpflanzungen und nach heißen und trockenen Sommermonaten; bei geringer Schädigung Ausbildung einer subletalen Rindennekrose mit Absterben nur des Außenbastes (b), Kambium bleibt hier funktionsfähig; bei Kambiumtod Freilegung des Splintholzes mit beginnender Überwallung; Bruchgefahr durch Besiedlung holzzersetzender Pilze (LIT 14)

VM: mechanische Verletzungen (vgl. Abb. 363); „Verticillium-Welke" (Abb. 22)

GM: vorbeugend durch Anbringen von Schutzmaterial, z. B. Schilfrohrmatten (c) oder weißem Stammanstrich

Abb. 19 (oben)**:** Blattrandnekrosen (a) und Blattfall (b) durch Trockenheit

EM: vom Blattrand her Vertrocknung, Braunfärbung und Einrollen insbesondere exponierter Blätter
VM: Salzstress (Abb. 5)
GM: auf ausreichende Wasserversorgung achten, versiegelten Wurzelraum öffnen, konkurrierende Gehölze beseitigen

Abb. 20: Ahorntriebsterben an Berg-Ahorn durch Pilzinfektion (*Stegonsporium pyriforme*)

EM: schwarze Flecke auf der Rinde an geschwächten Ahornen, vor allem nach Trockenstress (LIT 39)
VM: „Rußrindenkrankheit" (*Cryptostroma corticale*), hier aber großflächige dunkle Sporenlager unter der Rinde (Abb. 21)
GM: auf optimale Standortbedingungen (Wasserversorgung!) achten

Abb. 21: „Rußrindenkrankheit" an Berg-Ahorn durch Pilzinfektion (*Cryptostroma corticale*)

EM: anfangs Ausbildung von Rindennekrosen sowie Schleimfluss am Stamm; in der Folge Welkesymptome in der Krone, schließlich Absterben des ganzen Baumes mit grobscholligem Abplatzen der Rinde (a); unter der Rinde dunkle Sporenmasse (b); Konidien (c) einzellig, elliptisch (Tafel III/14); (Konidien können beim Einatmen zu Gesundheitsschäden führen! LIT 24); grünlich braune Verfärbung des Splintholzes; verstärktes Auftreten nach trocken-heißen Sommern; Pilz kann als Endophyt latent vorhanden sein

VM: *Stegonsporium*-Ahorntriebsterben, oberflächliche punktuelle Sporenlager (Abb. 20); *Hypoxylon*-Arten; Sonnenbrand

GM: Bevorzugung weniger anfälliger Arten (Berg-Ahorn besonders betroffen), adäquate Wasserversorgung sicherstellen; Entnahme erkrankter Bäume

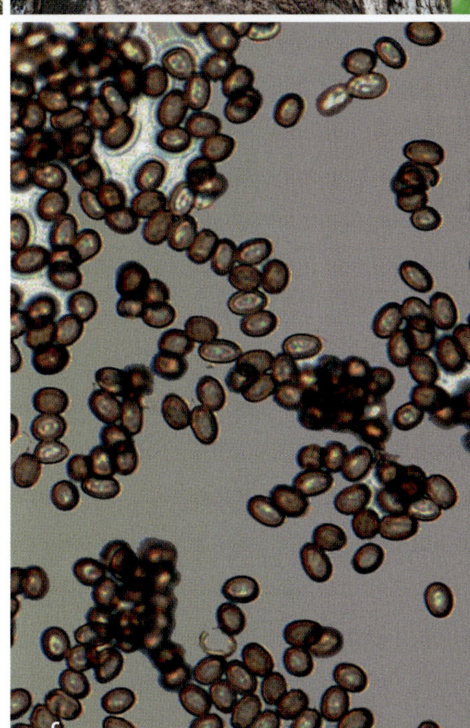

Abb. 22: Blattwelke und Stammriss durch Welkepilz (*Verticillium dahliae*), „Verticillium-Welke"

EM: schüttere Krone, welkende Blätter, absterbende Triebe zunächst oft einseitig in der Krone; im Splintholz ringförmig angeordnete Farbflecke (a) mit Verstopfung der Gefäße (Tracheomykose); später Aufreißen des Stammes bis zur Rinde durch endogene Rissbildung (b); bei vitalen Bäumen Überwallung der Stammrisse (c); Risse an allen Stammseiten, häufig versetzt vorkommend
VM: Echter Frostriss (vgl. Abb. 362b)
GM: vor Pflanzung Bodenuntersuchung auf *Verticillium*, Bevorzugung widerstandsfähiger Gehölze; hygienische Vorkehrungen bei Schnittmaßnahmen; Entnahme erkrankter Bäume

Abb. 23: Baumsterben durch Asiatischen Laubholzbockkäfer, „ALB“ (*Anoplophora glabripennis*)

EM: im Frühsommer an Zweigen Reifungsfraß durch schwarzglänzenden Käfer mit unterschiedlich großen, weißen Flecken (a); Larven minieren erst im Kambialbereich, dann im Holzkörper, dort ca. 3 cm breite, ovale Bohrgänge (b); Larven bis 5 cm lang (c); Entwicklungsdauer ein bis zwei Jahre; Ausflugsloch bis 1 cm weit, kreisrund (d); Befall gesunder Bäume; bevorzugte Wirte: Ahorn, Rosskastanie, Weide und Pappel; zunächst Zurücksterben einzelner Kronenteile, später Absterben des Baumes; in Deutschland erstmals 2004 festgestellt (LIT 5)

VM: Citrusbockkäfer (Abb. 302): befällt vitale Bäume am Stammfuß und am Wurzelanlauf (daher schwerer nachweisbar); weites Wirtsspektrum; seit 2000 in Europa

GM: meldepflichtiger Quarantäneschädling. Bei Befallsverdacht PSD benachrichtigen!

Aesculus (Rosskastanie)

- **an Blättern**
- Schlitzblättrigkeit oder verkümmerte Blattspreiten durch Spätfrost: Abb. 28
- Verbräunung der Blattränder durch Trocknis: Abb. 24 oder Auftaumittel: Abb. 25
- weißlich graue Flecke blattoberseits durch Echten Mehltaupilz (*Erysiphe flexuosa*): Abb. 27
- größere, braune, gelbberandete Blattflecke durch Pilzinfektion (*Phyllosticta paviae*, Syn. *Guignardia aesculi*): Abb. 29
- Saugschäden längs der Hauptblattader durch Rosskastanienspinnmilbe (*Eotetranychus aesculi*): Abb. 26
- zwischen Blattadern bräunliche Platzminen; vorzeitiger Blattfall durch Rosskastanienminiermotte (*Cameraria ohridella*): Abb. 30

- **an Trieben**
- Triebsterben durch Rotpustelpilz (*Nectria cinnabarina*): vgl. Abb. 17
- Welke und Absterbesymptome durch Pilzinfektion (*Verticillium* sp.): braune Flecke auf Astquerschnitt, vgl. Abb. 22a

- **an Ästen, am Stamm, im Holz**
- durch Dickenwachstum bedingtes Aufreißen der Borke: Abb. 32
- Baumsterben durch Bakterieninfektion (*Pseudomonas syringae* pv. *aesculi*): Abb. 35
- Rissbildung am Stamm durch *Verticillium dahliae,* „Verticillium-Welke“: Abb. 33
- auf der Rinde Kolonien der Wolligen Napfschildlaus (*Pulvinaria regalis*): Abb. 31
- Fraßgänge im Holz, Absterben von Ästen durch Rosskastanienbohrer, „Blausieb“ (*Zeuzera pyrina*): vgl. Abb. 174
- Baumsterben durch Asiatischen Laubholzbockkäfer (*Anoplophora glabripennis*): vgl. Abb. 23
- Holzfäule durch Wolligen Scheidling (*Volvariella bombycina*) oder Schuppigen Porling (*Cerioporus* [*Polyporus*] *squamosus*): vgl. Abb. 134

- **an Stammbasis, Wurzeln**
- Rindenfäule an Stammbasis; auf der Rinde dunkles Exsudat durch Pilzinfektion (*Phytophthora cactorum*): Abb. 34
- Holzfäule durch Brandkrustenpilz (*Kretzschmaria* [*Ustulina*] *deusta*): Abb. 36
- Holz- und Rindenschäden durch Hallimasch (*Armillaria*-Arten): vgl. Abb. 187
- am Stammgrund braune Fruchtkörper von Lackporlingen (*Ganoderma*-Arten): vgl. Abb. 111

Abb. 24: Blattverfärbung durch Trockenheit

EM: von den Blatträndern ausgehende, nekrotische, bräunliche Verfärbung mit Blattrollung; Blattspreite später vergilbend; vorzeitiger Blattfall; Auftreten nach längeren Dürreperioden
VM: Blattverfärbung durch Auftaumittel (Abb. 25); Differenzialdiagnose durch chemische Blattanalyse (LIT 18)
GM: bei Jungbäumen rechtzeitig ausreichende Wässerung

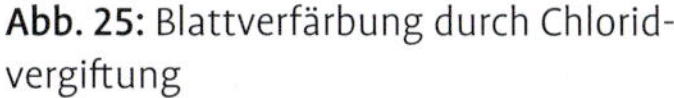

Abb. 25: Blattverfärbung durch Chloridvergiftung

EM: Blattränder im Frühjahr braun und vertrocknet, nach innen zu chlorotisch; bei starker Schädigung frühzeitiger Blattverlust; Chloridnachweis durch chemische Analyse
VM: Kaliummangel; Dürreschäden (Abb. 24)
GM: Verwendung chloridarmer Auftaumittel

Abb. 26: Blattfleckung durch Rosskastanienspinnmilbe (*Eotetranychus aesculi*)

EM: zusammenhängende, scharf umgrenzte, zackenartige, anfangs hellgrüne, später bräunliche Flecke, vorzugsweise längs der Hauptblattader oder nur auf einer Blatthälfte; Milbennachweis: gelbliche Milben blattunterseits, bis 0,4 mm groß
VM: Pilzinfektionen (Abb. 27, 29)
GM: nicht erforderlich

Abb. 27: Weißliche Fleckung durch Echten Mehltaupilz (*Erysiphe flexuosa*)

EM: weißlich graue Flecke (a) mit Konidienbildung; dunkle Kleistothecien mit gedrehten Anhängseln blattunterseits (b); bevorzugt auf Roter Rosskastanie; in Deutschland erstmals 1999 nachgewiesener Blattparasit (LIT 10)
VM: *Phyllactinia guttata* (vgl. Abb. 86)
GM: nicht erforderlich

Abb. 28: Blattschäden durch Frosteinwirkung im Frühjahr (Spätfrost)

EM: mangelhafte oder fehlende Ausbildung der Interkostalfelder bei jungen Blättern durch tiefe Temperaturen im Mai; bei schwacher Schädigung Schlitzblättrigkeit, bei stärkerem Frost Verlust fast der gesamten Blattspreite
VM: Schäden durch Auftaumittel (Abb. 25); Trockenheit (Abb. 24); Rosskastanienminiermotte (Abb. 30)
GM: keine

Abb. 29: „Guignardia-Blattbräune" durch Pilzinfektion (*Phyllosticta paviae*, Syn. *Guignardia aesculi*)

EM: braune, oft gelb gesäumte Flecke; Einrollen der Blattränder (a); Blattfall; in abgestorbenem Gewebe schwarze Pyknidien der *Phyllosticta*-Nebenfruchtform (b) mit farblosen Konidien (c)

VM: Salzschäden (Abb. 25); Kaliummangel; Trockenheit (Abb. 24); Befallsbild der Rosskastanienminiermotte (Abb. 30)

GM: Falllaub entfernen

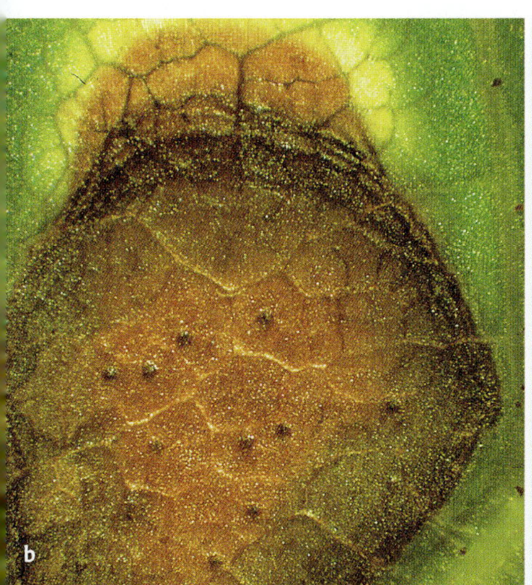

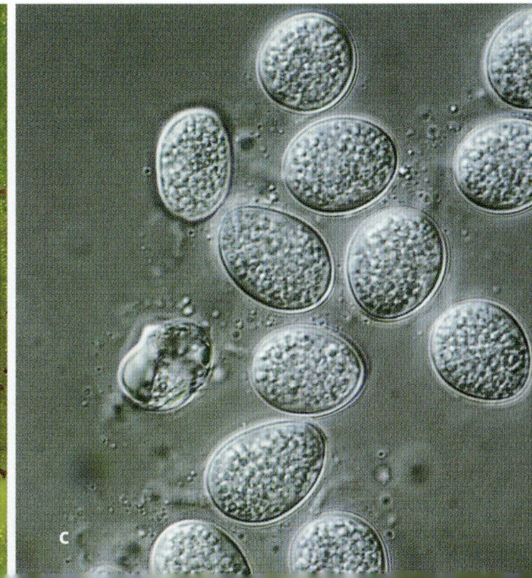

Abb. 30: Symptome sowie Entwicklungsstadien der Rosskastanienminiermotte (*Cameraria ohridella*)

EM: ockerfarbene Minen (a) mit gelblicher, 1 bis 4 mm langer Raupe (b, Mine geöffnet); Verpuppung in der Mine (c); im Mai und Juli/August Flug der weiß-braunen Motten (d); Überwinterung in abgefallenen Blättern; stark befallene Blätter werden braun, vertrocknen; aus Südeuropa eingeschleppter Schädling

VM: *Phyllosticta paviae* (Abb. 29); Rosskastanienspinnmilbe (Abb. 26)

GM: Falllaub entfernen

Abb. 31: Saugschäden durch Wollige Napfschildlaus (*Pulvinaria regalis*)

EM: braune, buckelartig gewölbte, 4 bis 6 mm große Schilde (Weibchen); Eisäckchen weiß, dreimal so lang wie Schildlaus; geflügelte Männchen kleiner; Überwinterung an dünnen Zweigen; Eiablage von Frühjahr bis Sommer an Stamm und Ästen; bevorzugt im städtischen Bereich

GM: Bürsten oder Abspülen (Hochdruckreiniger)

Abb. 32: Dehnungsrisse in der Borke durch natürliches Dickenwachstum des Baumes

EM: längs verlaufende Borkenrisse (a), später auch quer aufplatzende Rinde (b, Schuppenborke); keine Kambiumschäden, daher keine Wundleisten; an zahlreichen weiteren Baumarten

VM: Frostriss (vgl. Abb. 362b); Stammriss oder *Verticillium* (Abb. 33)

GM: keine, da natürlicher Vorgang

Abb. 33: Kronen- und Stammschäden durch Welkepilz (*Verticillium dahliae*), „Verticillium-Welke"

EM: schüttere Krone, absterbende Äste; im Splintholz ringförmig angeordnete, gelblich braune Fleckung (vgl. Abb. 22a); Bildung von endogenen Stammrissen, die dem gedrehten Faserverlauf des Stammes bis zur Rinde folgen; anschließend Neubildung von Holz und Rinde; Ausbildung einer Wundleiste (hier ca. 10 Jahre alt); Wundleisten allseitig am Stamm verteilt

VM: natürliche Borkenrisse ohne Kambiumschäden (Abb. 32)

GM: vor Pflanzung Bodenuntersuchung auf *Verticillium*, Bevorzugung widerstandsfähiger Gehölze; hygienische Vorkehrungen bei Schnittmaßnahmen; Entnahme erkrankter Bäume

Abb. 34: Schleimflusskrankheit durch Pilzinfektion (*Phytophthora cactorum*)

EM: Blattvergilbung (a); an Stammbasis gummiartiger Ausfluss (b), innere Rinde rotbraun; auch Wurzelbefall; Bäume sterben ab (LIT 38)

VM: Bakterielle Infektion (Abb. 35)
GM: Entnahme erkrankter Bäume

Abb. 35: Kastaniensterben durch Bakterien (*Pseudomonas syringae* pv. *aesculi*), „Pseudomonas-Rindenkrankheit", „Schleimflusskrankheit"

EM: an Stamm und Kronenansatz braunschwarze, nässende Flecke (Leckstellen), die krustenartig eintrocknen; unter der Rinde mosaikartige, orangebraune bis rötliche Verfärbung des Phloems mit scharfer Abgrenzung zu gesundem Gewebe; befallene, vitale Bäume können überleben; Erregernachweis im Labor (LIT 35).
VM: *Phytophthora cactorum* (Abb. 34)
GM: Fällung von Bäumen mit schwacher Vitalität oder mit Sekundärbefall (z. B. Hallimasch)

Abb. 36: Holzfäule durch Brandkrustenpilz (*Kretzschmaria* [*Ustulina*] *deusta*)

EM: am Stammfuß auftretende (a, Pfeil), schwarze, krustenförmige Fruchtkörper (b); Ascosporen sichelförmig, braunschwarz; am Stamm Schleimfluss; zunächst Moderfäule mit marmoriertem Holzbild, schließlich Weißfäule (vgl. Abb. 110c); Umsturzgefahr!

VM: bei Fruchtkörpernachweis keine

GM: Vermeiden von Verletzungen im Stammfußbereich

Alnus (Erle)

- **an Blättern, Knospen, Blüten**
- grünlich rote, zungenartige Auswüchse an weiblichen Kätzchen durch Erlenwucherling (*Taphrina alni*): LIT 6
- kreisrunde Blattaufwölbungen, unterseits gelbliche bis bräunliche Überzüge (Asci) durch Pilzinfektion (*Taphrina sadebeckii*)
- an Schwarz-Erle deformierte Blätter mit blasenartigen Aufwölbungen, „Kräuselkrankheit", Triebverformung durch Pilzinfektion (*Taphrina tosquinetii*): LIT 6
- blattunterseits unscheinbares, weißliches Mycel von Echtem Mehltaupilz (*Erysiphe penicillata*)
- orangegelbe Sporenlager blattunterseits durch Rostpilzinfektion, „Erlenrost" (*Melampsoridium hiratsukanum*): Wirtswechsel mit Lärche
- braune Blattflecke durch Pilzinfektion (z. B. *Asteroma alneum*): LIT 9
- silbrig weiße Blattsprenkelung durch Erlenzwergzikade (*Alnetoidea alneti*): Abb. 37
- silbrige Platzminen durch Hainbuchenminiermotte (*Phyllonorycter esperella*): vgl. Abb. 64
- Blattgallen durch Gallmilben: Abb. 40
- Saugschäden durch Erlenblattfloh (*Psylla alni*): vgl. Abb. 52
- Platzminen durch Larven der Erlenminierblattwespe (*Fenusa dohrnii*): Abb. 38
- Blattfraß durch Blauen Erlenblattkäfer (*Agelastica alni*): Abb. 39 oder durch Grünerlenblattwespe (*Hemicroa crocea*): LIT 18
- Blattdeformation durch Birkenblattroller (*Deporaus betulae*): nach unten hängende, tütenartig eingerollte Blattspitzen, innen mit weißer Larve

- **an Trieben, Zweigen**
- Hexenbesen an Grau-Erle durch Pilzinfektion (*Taphrina epiphylla*)
- Triebdeformation mit „Kuckucksspeichel" durch Erlenschaumzikade (*Aphrophora alni*): LIT 31

- **am Stamm, im Holz**
- stammaxiales Absterben und Aufplatzen von Rinde durch Sonnenbrand: vgl. Abb. 18a
- Wurzelhalsfäule durch Infektion mit „Erlen-Phytophthora" (*Phytophthora alni*): Abb. 41
- Erlensterben durch andere, komplexe Ursachen: LIT 18
- Holzfäule im Stamm; außen dachziegelartig angeordnete, löwengelbe bis braune Konsolen von Erlenschillerporling (*Xanthoporia radiata*): LIT 14
- an absterbenden Stämmen Fruchtkörper von Rotrandigem Baumschwamm (*Fomitopsis pinicola*): LIT 14
- Fraßgänge im Holz durch Blausieb (*Zeuzera pyrina*): vgl. Abb. 174

Abb. 37: Saugschäden durch Erlenzwergzikade (*Alnetoidea alneti*)

EM: blattoberseits silbrig weiße Sprenkelung; unterseits gelblich weiße Larven, bei Störung wegspringend; adulte Zikaden mit goldgelben Flügeln; später zahlreiche, weiße Larvenhäute (Exuvien); polyphag

VM: andere Zikadenarten; Spinnmilben-Befall (vgl. Abb. 59)

GM: nicht erforderlich

Abb. 38: Plätzefraß durch Erlenminierblattwespe (*Fenusa dohrnii*)

EM: 2 bis 3 cm große Platzmine mit rotbrauner Epidermis; in der Mine 8 bis 10 mm lange, weißliche Larve mit hellbraunem Kopf; Imago wespenähnlich, schwarz glänzend; zwei Generationen im Jahr

VM: *Heterarthrus vagans:* Kopf der Larve dunkelbraun

GM: nicht erforderlich

Abb. 39: Fraßschäden durch Blauen Erlenblattkäfer (*Agelastica alni*)

EM: Fenster- oder Lochfraß durch gelblich schwarze, anfangs in Kolonien lebende Larven (b); Nagespuren später hellbraun (a); Eigelege gelb; Käfer 5 bis 6 mm, glänzend stahlblau (c)

VM: Erzfarbener Erlenblattkäfer (*Plagiosterna* [*Linaeidea*] *aenea*): Käfer 6 bis 8 mm groß, metallisch grün oder blau; Larven mit schwarzen Warzen

GM: nicht erforderlich

Abb. 40: Gallenbildung durch Gallmilben (*Acalitus*- und *Eriophyes*-Arten)

EM: a, b) Filzgallmilbe (*Acalitus brevitarsus*): blattoberseits hellgrüne Aufwölbungen, unterseits grünliche, später rötlich braune Filzmassen (b); c) Beutelgallmilbe (*Eriophyes laevis*): blattoberseits 1 bis 2 mm große, kopfförmige Ausstülpungen; d) Nervenwinkelgallmilbe (*Eriophyes inangulis*): längs des Mittelnervs gelbliche, später schwärzliche, kugelige, 2 bis 3 mm große Ausstülpungen nach oben, unterseits zunächst weiße, später braune Haare

VM: andere Gallen (LIT 4)

GM: nicht erforderlich

Abb. 41: Wurzelhalsfäule und Baumsterben durch „Erlen-Phytophthora" (*Phytophthora alni*) an Schwarz-Erle

EM: schüttere Belaubung; auf der Rinde im unteren Stammbereich rötlich braune oder schwarze Schleimflussflecke (a); unter der Rinde vom Stammgrund aufsteigende, braune Verfärbung (b, Rinde angeschnitten); später Überwallung der Nekrose oder Absterben der Bäume (c); an Fließgewässern und in Überflutungsgebieten; in Deutschland 1995 nachgewiesen, heute europaweit verbreitet (LIT 40)

VM: „Erlensterben" durch komplexe, abiotisch/biotische Ursachen (LIT 18)

GM: Entnahme erkrankter Bäume

Amelanchier (Felsenbirne)

- **an Blättern, Knospen, Früchten**
- – blattoberseits rotgelbe Flecke, unterseits Aecidien durch Rostpilzinfektion (*Gymnosporangium* spp.): Wirtswechsel mit Wacholder
- – weißliche Mycelüberzüge durch Echten Mehltaupilz (*Podosphaera clandestina*): Abb. 42
- – Blattfleckung durch *Diplocarpon mespili*: vgl. Abb. 90
- – Blattfleckung durch *Ascochyta amelanchieris*: Konidien ähnlich Tafel I/20
- – Blattkräuselung durch Blattläuse

- **an Ästen, am Stamm**
- – beulenartige Rindenanschwellungen durch Blutlaus-Befall, „Blutlauskrebs" (*Eriosoma lanigerum*): vgl. Abb. 236

Abb. 42: Grauweißer Blattüberzug durch Echten Mehltaupilz (*Podosphaera clandestina*)

EM: vor allem blattoberseits weißliches, dünnes Mycel mit Konidien, a) schwarz glänzende Kleistothecien mit rotbraunen Anhängseln (b); auch Fruchtbefall

VM: andere Echte Mehltaupilze

GM: nicht erforderlich

Berberis (Berberitze)

- **an Blättern, Knospen**
- Blattfleckung durch Rostpilzinfektion (*Puccinia graminis*): unterseits leuchtend gelbe, becherförmige Aecidien; Wirtswechsel mit Gräsern; auf Getreide als „Schwarzrost" bekannt
- weißliche Überzüge von Echtem Mehltaupilz (*Erysiphe berberidis*): Abb. 43
- braune Blattfleckung durch *Ascochyta berberidis* oder *Septoria berberidis*: LIT 9
- Blattdeformation durch Gelbe Berberitzenblattlaus (*Liosomaphis berberidis*)
- Blattfraß durch Berberitzenblattwespe (*Arge berberidis*): Larve blaugrün oder gelbgrün, mit zahlreichen schwarzen Warzen: LIT 31

Abb. 43: Weißliche Blattfleckung durch Echten Mehltaupilz (*Erysiphe berberidis*)

EM: beidseitig weißliche, mehr oder weniger dichte Mycelüberzüge mit Konidienträgern und Konidien; im Spätsommer dunkle Kleistothecien

VM: *Phyllactinia guttata* (LIT 10)

GM: nicht erforderlich

Betula (Birke)

- **an Blättern, Knospen, Trieben**
- – homogene Blattvergilbung, Sommerlaubfall durch anhaltende Trockenheit: LIT 18
- – Kronenverlichtung, Blattvergilbung, Blattrollen, chlorotische Scheckung durch Virusinfektion: Abb. 44
- – Gelbfleckung blattoberseits, orange Sporenlager unterseits durch Rostpilz (*Melampsoridium betulinum*): Uredosporen Tafel I/4
- – weißer Belag blattunterseits durch Echten Mehltaupilz (*Phyllactinia guttata*): LIT 10
- – Blattflecke, Blattnekrosen durch Pilzinfektion:
  Discula betulina: Abb. 45a,
  Marssonina betulae: Abb. 45b,
  Fusicladium betulae: Konidien Tafel I/7
- – auf Blättern schlangenartige Miniergänge durch Raupen der Obstbaumminiermotte (*Lyonetia clerkella*): Abb. 46
- – Fraßschäden durch Käfer oder Käferlarven, z. B. von Feldmaikäfer (*Melolontha melolontha*): Abb. 246 oder Blauem Erlenblattkäfer (*Agelastica alni*): Abb. 39
- – zigarrenförmige, herabhängende Blattwickel durch Birkenblattroller (*Deporaus betulae*)
- – beulenartige Auftreibung, filzartiger Belag blattunterseits durch Birkenblattmilbe (*Acalitus rudis*)

- **an Ästen, am Stamm, im Holz**
- – Hexenbesen durch Pilzinfektion (*Taphrina betulina*): Abb. 47
- – mehrjährige Krebswunden durch Pilzinfektion (*Neonectria ditissima*): vgl. Abb. 131a
- – auf der Rinde Kolonien der Wolligen Napfschildlaus (*Pulvinaria regalis*): vgl. Abb. 31
- – Rindennekrosen mit Schleimfluss sowie Kronensterben durch außergewöhnliche Witterungsereignisse (z. B. nach Trockenperioden oder Überflutung)
- – Welken und Absterben von Ästen durch Weidenbohrer (*Cossus cossus*): Abb. 301 oder Blausieb (*Zeuzera pyrina*): Abb. 174
- – Baumsterben durch Asiatischen Laubholzbockkäfer (*Anoplophora glabripennis*): vgl. Abb. 23
- – silbrig eingesponnene Triebe durch Birkenblütenmotte (*Argyresthia goedartella*)
- – einzelne, große, gekröseartige Wucherungen am Stamm durch Bakterieninfektion (*Rhizobium radiobacter*, Syn. *Agrobacterium tumefaciens*): Abb. 48
- – Braunfäule in Stamm und Ästen; außen am Stamm ockerbraune bis weißliche Fruchtkörper vom Birkenporling (*Fomitopsis betulina*): Abb. 49
- – Weißfäule im Stamm; außen schwarzgraue Konsolen von Echtem Zunderschwamm (*Fomes fomentarius*): LIT 14

Abb. 44: Blattverfärbung durch Virusinfektion (Kirschenblattrollvirus (a), Birkenblattrollvirus (b))

EM: je nach Virus oder Mischinfektion sowie physiologischem Zustand der Blätter unterschiedlich ausgeprägte, mehr oder weniger scharf begrenzte, chlorotische Linien, Flecke oder Ringmuster (a); in anderen Fällen flächige chlorotische Blattverfärbung, Scheckung und Blattdeformation (b)

VM: andere Viren (LIT 16), Nährstoffmangel, ungünstige Umweltbedingungen

GM: nicht möglich

Abb. 45: Blattfleckung durch verschiedene Pilzarten

EM: a) *Discula betulina*: 2 bis 4 mm große, braune Flecke mit schwarzem Zentrum; Konidien langgestreckt (Tafel III/1); bei starkem Befall Vergilbung und vorzeitiger Blattfall; häufig epidemisch auftretend

b) *Marssonina betulae*, „Marssonina-Blattbräune“: bis 5 mm große Nekrosen mit faserigem Rand; Blattdeformation; Konidien zweizellig (Tafel II/9)

GM: nicht erforderlich

Abb. 46: Minierfraßschäden durch Raupen der Obstbaumminiermotte (*Lyonetia clerkella*)

EM: schlangenartige, allmählich sich erweiternde Miniergänge; eingeschlossene Blattpartien werden hellgrün, dann braun, sterben ab; Raupe grünlich, durchsichtig, perlschnurartig eingekerbt; Falter mit weißen Vorderflügeln; häufiger Schädling, besonders an Rosengewächsen (vgl. Abb. 220)

VM: Birkenzwergminiermotte (*Stigmella lapponica*): lange, an Blattadern entlang laufende, gewinkelte Gangminen

GM: nicht erforderlich

Abb. 47: Hexenbesen durch Pilzinfektion *(Taphrina betulina)*

EM: dichtästige, kugelige Büsche (a) durch Austrieb schlafender Knospen; Anschwellung an der Triebbasis (b, Pfeil); Blätter klein, unterseits Asci

VM: Vogelnester; Hexenbesen durch Milben-Befall (ohne Triebanschwellung)

GM: nicht erforderlich; bei jungen Bäumen evtl. Büsche entfernen

Abb. 48: Tumorbildung durch Bakterieninfektion (*Rhizobium radiobacter*, Syn. *Agrobacterium tumefaciens*)

EM: am Stamm kugelige, oft stammumfassende, unregelmäßig geformte, bis zu 40 cm große, knollenartige Wucherungen mit rauer Borke; innerer Holzteil mit maserartiger Holzstruktur (Maserkropf); Ursache nicht immer eindeutig

VM: keine

GM: als Kuriosität zu belassen; keine Beeinträchtigung der Stabilität des Baumes

Abb. 49: Braunfäule im Holz durch Birkenporling (*Fomitopsis betulina*)

EM: in der Krone Abbrechen von abgestorbenen Ästen (a); am Stamm konsolenförmige, ockerbraune, später ausblassende Pilzfruchtkörper (b) mit heller Porenoberfläche (c); im Stamm Braunfäule (d); Bruchgefahr bei Stamm und Ästen!

VM: andere holzzersetzende Pilze, z. B. Echter Zunderschwamm (*Fomes fomentarius*)

GM: fruchtkörpertragende Bäume entfernen; größere Ästungswunden sowie Stammverletzungen vermeiden

Buxus (Buchsbaum)

- **an Blättern, Knospen, Blüten**

– olivbraune oder orangegelbe Verfärbung der Blätter als unspezifische Reaktion auf verschiedene abiotische Stressfaktoren, z. B. Trockenheit, Kälte: Abb. 50 oder Nährstoffmangel: Abb. 51

– weißliche, feine Blattsprenkelung durch Buchsbaumspinnmilbe (*Eurytetranychus buxi*): Abb. 55

– löffelartig verformte Blätter durch gesellig lebende, wachsausscheidende Larven des Buchsbaumblattflohs (*Psylla buxi*): Abb. 52

– Blattverkleinerung und -verkrüppelung durch Triebspitzengallmilbe (*Aceria unguiculata*): Abb. 53

– deformierte Blätter mit gelblichen, linsenförmigen Blattgallen durch Buchsbaumgallmücke (*Monarthropalpus buxi*): Abb. 54

– Blatt- und Rindenfraß durch Raupen des Buchsbaumzünslers (*Cydalima perspectalis*): Abb. 57

– Blatt- und Triebsterben durch Pilzinfektion (*Calonectria pseudonaviculata* und *C. henricotiae*, Syn. *Cylindrocladium buxicola*): Abb. 56

– Blattverbräunung durch andere Pilzarten, z. B. *Volutella buxi*: Sporenlager rosa, Konidien schiffchenförmig: Tafel I/13, schwach parasitisch; *Hyponectria buxi*, Syn. *Dothiorella candollei*, Fruchtkörper schwärzlich, Konidien bohnenförmig: Tafel II/5, Schwächeparasit

– blattoberseits orangebraune Blattflecke, unterseits braune Sporenpusteln (Teleutolager) von Buchsbaumrost (*Puccinia buxi*): kein Wirtswechsel: LIT 31

- **an Trieben, Jungpflanzen, Wurzeln**

– Triebdeformation durch Triebspitzengallmilbe (*Aceria unguiculata*): Abb. 53

– auf Trieben und Blättern Kolonien der Gemeinen Kommaschildlaus (*Lepidosaphes ulmi*): Schildlaus 2 bis 3 mm, miesmuschelförmig bräunlich, polyphag: LIT 31

– nach starkem Blattabwurf kahle, absterbende Triebe durch Pilzinfektion (*Calonectria*-Arten): Abb. 56

– Absterben von Jungpflanzen durch andere Pilze (z. B. *Diaporthe* [*Phomopsis*] *stictica*): Konidien Tafel I/19

– Wurzelschäden an blassgrünen Pflanzen, verursacht durch Nematoden oder *Phytophthora*-Arten

Abb. 50: Bronzefärbung im Winter, „Winterschutzfärbung“, hier bei *Buxus sempervirens*

EM: rostbraune Verfärbung vitaler Blätter (a) im Winter durch Anhäufung von Carotinoiden (zum Schutz des Photosyntheseapparates); beschattete Blätter bleiben grün (b, Pfeile); reversibler Vorgang; sortenabhängig

VM: ähnliche Verfärbungen ganzjährig durch Wasser- oder Nährstoffmangel

GM: nicht erforderlich

Abb. 51: Blattverfärbung an *Buxus sempervirens* durch Nährstoffmangel (Hungersymptom)

EM: orangegelbe Verfärbung der gesamten Blätter; Kümmerwuchs sowie verkleinerte Blätter (oben im Bild gesunde Triebe); typisch z. B. für stickstoffarme Böden

VM: ähnliche Verfärbung durch akute Stressfaktoren ohne Kümmerwuchs (z. B. Trocknis durch mangelnde Wasserzufuhr, besonders bei eingetopften Pflanzen); Winterschutzfärbung (Abb. 50)

GM: Düngung bzw. Bodenverbesserung; ausreichende Bewässerung

Abb. 52 (oben)**:** Saugschäden durch Buchsbaumblattfloh (*Psylla buxi*)

EM: im Winter gelbe Larven am Grund von Knospen; ab Mai an jungen Blättern grünlich gelbe, mobile Larven (a) mit weißer Wachswolle (b); adulte Tiere geflügelt, malachitgrün; Blättchen später löffelförmig, teilweise kohlkopfartig zusammenliegend
GM: Schnitt im Frühjahr

Abb. 53: Saugschäden durch Triebspitzengallmilbe (*Aceria unguiculata*)

EM: Wuchsdepression einzelner Triebe; Blättchen verkleinert, verkrüppelt, teilweise kugelig angeschwollen; Milbennachweis
GM: Beseitigung befallener Triebe im Frühjahr

Abb. 54: Saugschäden durch Buchsbaumgallmücke (*Monarthropalpus buxi*)

EM: blattunterseits grünlich gelbe, linsenförmig erhabene Flecke (a); im Inneren mehrere, bis 2,5 mm lange, beinlose, gelbliche Larven (b); Blätter deformiert, teilweise absterbend

VM: *Eriophyes canestrini*: Blattaufwölbungen mit Milben

GM: Beseitigung befallener Triebe

Abb. 55: Saugschäden durch Buchsbaumspinnmilbe (*Eurytetranychus buxi*)

EM: auf älteren Blättchen mehr oder weniger dichte Sprenkelung; beidseitig Entwicklung gelbgrüner Larven in mehreren Stadien; adultes Weibchen ca. 0,5 mm groß, Männchen kleiner; Überwinterung im Eistadium auf der Blattunterseite; stärkeres Auftreten in trockenen Sommern

VM: keine

GM: meist nicht erforderlich; weniger anfällige Sorte auswählen

Abb. 56: Blatt- und Triebsterben durch Pilzinfektion (*Calonectria pseudonaviculata* und *C. henricotiae*, Syn. *Cylindrocladium buxicola*), „Buchsbaum-Blattfall“

EM: zu Befallsbeginn einzelne, braune Blattflecke, vergrößernd und zusammenfließend (b); Blattabwurf und Verkahlen der Triebe (a); schwarze Strichelung am Stängel; blattunterseits weißer Sporenbelag; Konidien zylindrisch (Tafel II/7); aggressiver Parasit; in Deutschland erstmals 2004 nachgewiesen (LIT 7)

VM: Volutella-Zweigsterben (*Volutella buxi*): Blätter fahlgrün vertrocknend, unterseits rosa Sporenlager mit farblosen, spindelförmigen Konidien (Tafel I/13)

GM: Wahl weniger anfälliger Sorten; Entnahme befallener Pflanzen

Abb. 57: Fraßschäden durch Buchsbaumzünsler (*Cydalima* [*Diaphania*] *perspectalis*)

EM: angefressene, teilweise skelettierte Blätter und kahle Stängel (a); feines Gespinst mit hellen Kotkrümeln; 4 bis 5 cm lange, gelb-grüne bis dunkelgrüne Raupen mit schwarzen Punkten (b); Überwinterung als Raupe zwischen eingesponnenen Blättern; Falter mit braunem Flügelrand (c), ca. 4 cm Flügelspannweite; 2 bis 3 Generationen im Jahr; wärmeliebende Art; neuer, aus Ostasien stammender Schädling, Erstnachweis in Deutschland 2006

GM: Behandlung mit einem gegen Schmetterlingsraupen zugelassenen Insektizid (April sowie Juli bis September)

Carpinus (Hainbuche, Weißbuche)

- **an Blättern, Knospen**
- – Ausbleichen der Blattflächen durch starke Sonneneinstrahlung: Abb. 60
- – Blattranddürre durch anhaltende Trockenheit
- – weißlicher Blattüberzug durch Echten Mehltaupilz (*Erysiphe arcuata*): Abb. 58
- – Blattfleckung durch Pilzinfektion (*Gnomonia fimbriata*): Abb. 61
- – silbrige Platzmine durch Hainbuchenminiermotte (*Phyllonorycter esperella*): Abb. 64
- – grünlich gelbe Blattverfärbung durch Hainbuchenspinnmilbe (*Eotetranychus carpini*): Abb. 59
- – Gallmilben-Befall (*Aceria macrotricha*): Abb. 63
- – weißliche Blattsprenkelung durch Zwergzikaden (z. B. *Edwardsiana flavescens*): vgl. Abb. 15
- – Loch- und Buchtenfraß durch Kleinen Frostspanner (*Operophtera brumata*): Abb. 62

- **an Trieben, Ästen, am Stamm**
- – Hexenbesen mit gelblich grünen Blättern durch Pilzinfektion (*Taphrina carpini*): LIT 18, 25
- – Weißfäule im Stamm älterer Bäume, Absterben von Ästen durch Runzeligen Schichtpilz (*Stereum rugosum*): Abb. 65
- – am Stamm Rindenschäden durch Sonnenbrand: vgl. Abb. 18
- – Rindennekrosen mit austretender roter Sporenmasse (*Anthostoma decipiens*): Abb. 66
- – Rindennekrosen mit orangefarbenen Pilzfruchtkörpern (*Cryphonectria radicalis*): Abb. 67

Abb. 58: Weißlicher Blattüberzug durch Echten Mehltaupilz (*Erysiphe arcuata*)

EM: beidseitig unscheinbare, weißlich graue Überzüge; Blätter wie mit Mehl bestäubt; Blätter oft verkleinert; bei starkem Befall braune Flecke; auf beiden Seiten Fruchtkörper (Kleistothecien): Anhängsel am Ende eingerollt; meist in der Konidienform vorkommend (*Oidium carpini*)

VM: *Phyllactinia guttata* (LIT 25); Verfärbung durch Spinnmilben (Abb. 59)

GM: Behandlung mit einem gegen Echte Mehltaupilze zugelassenen Fungizid

Abb. 59: Fleckenartige Vergilbung durch Hainbuchenspinnmilbe (*Eotetranychus carpini*)

EM: befallene Blätter stellenweise blassgelb, häufig deformiert; blattunterseits grünlich gelbe Milben, teilweise unter seidigem Gespinst
VM: partielle Blattvergilbung durch Sonneneinstrahlung (Abb. 60); Pilzinfektionen, z. B. *Gnomonia fimbriata* (Abb. 61)
GM: nicht erforderlich

Abb. 60: Großflächige Vergilbung durch starke Sonneneinstrahlung

EM: interkostales Vergilben und Ausbleichen (Chlorophyllzerstörung), meist nach Freistellung beschatteter Blätter (z. B. nach Heckenschnitt); Fehlen von Pilzstrukturen oder Milben
VM: Spinnmilben-Befall (Abb. 59); Pilzinfektionen, z. B. *Gnomonia fimbriata* (Abb. 61)
GM: Heckenschnitt im Herbst

Abb. 61: Blattfleckung durch Pilzinfektion (*Gnomonia fimbriata*)

EM: 5 bis 20 mm große, rundliche, graubraune Flecke; Fruchtkörper blattunterseits, mit stäbchenförmigen *Asteroma*-Konidien (Tafel III/7)
VM: andere Pilzarten, z. B. *Monostichella robergei*: meist vom Blattrand ausgehende, zusammenfließende Flecke; Konidien verlängert-eiförmig, farblos (Tafel III/8)
GM: nicht erforderlich

Abb. 62: Blattfraß durch Raupen des Kleinen Frostspanners (*Operophtera brumata*)

EM: Raupen hellgrün, mit hufeisenförmiger Stellung und „spannender" Fortbewegung (a); Loch- und Buchtenfraß an zusammengesponnenen oder unversponnenen Blättern (b)

VM: Raupen anderer Schmetterlingsarten, z. B. Großer Frostspanner (*Erannis defoliara*): Raupe größer, bis 40 mm lang, braun, gefleckt

GM: nicht erforderlich

Abb. 63: Blattdeformation, Blattkräuselung durch Hainbuchengallmilbe (*Aceria macrotricha*)

EM: Blätter mit zickzackartig verlaufender Faltenbildung längs der Seitenadern, diese leistenartig verdickt; befallene Blätter schrumpfen, werden nach oben umgebogen oder vollkommen eingerollt; in den Falten zahlreiche, weißliche, 0,2 mm lange Gallmilben

VM: keine

GM: bei Hecken regelmäßiger Schnitt

Abb. 64: Silbrige Platzmine durch Raupen der Hainbuchenminiermotte (*Phyllonorycter esperella*)

EM: blattoberseits ungleichmäßig ovale, 12 bis 20 mm große Mine (a), unter der abgehobenen Epidermis gelbliche Larve mit braunem Kopf (b); Verpuppung in der Mine

VM: andere Minierer

GM: nicht erforderlich

Abb. 65: Holzfäule durch Runzeligen Schichtpilz (*Stereum rugosum*)

EM: Weißfäule in Stamm und Ästen; bei vitalen Bäumen (Rot-Eiche, Hainbuche, Rot-Buche) auch Krebsbildung; Fruchtkörper mehrjährig, flach, blassocker, an Kratzstellen rötend; Infektion über Wunden oder Astabbrüche

VM: andere Schichtpilze (LIT 14)

GM: befallene Äste entfernen, faule Stämme roden: Bruchgefahr!

Abb. 66: „Hainbuchen-Triebsterben" (*Anthostoma decipiens*); auf der Rindenoberfläche rote Sporenmasse der Nebenfruchtform

EM: großflächige Rindenläsionen, mit leuchtend roter, gallertartiger (trocken glasartiger) Sporenmasse der Nebenfruchtform (*Cytospora decipiens*); Wundbesiedler (LIT 13)
VM: Rindenkrebs (*Cryphonectria radicalis*), hier jedoch kleinere, orangefarbene Sporenmasse (Abb. 67)
GM: Optimierung der Nährstoff- und Wasserversorgung; Hygiene bei Schnittmaßnahmen

Abb. 67: Aufgereihte Fruchtkörper des Rindenkrebses der Hainbuche (*Cryphonectria radicalis*)

EM: lose bis linienförmige Anordnung orangefarbener Fruchtkörper, häufig entlang von Rindenrissen; Ausbreitung des Mycels unter der Rinde (LIT 19)
VM: *Anthostoma decipiens* („Hainbuchen-Triebsterben") mit leuchtend roten Sporenmassen auf der Rindenoberfläche (Abb. 66)
GM: Hygiene bei Schnittmaßnahmen; Entnahme befallener Bäume

Castanea (Edelkastanie, Esskastanie)

- **an Blättern, Knospen, Blüten**
  - zahlreiche, kleine, braunschwarze Flecke (Sprenkelung) durch Pilzinfektion (*Stromatoseptoria [Phloeospora] castanicola*): Konidien ähnlich Tafel II/15
  - Gallenbildung an Blättern und Trieben durch Japanische Esskastaniengallwespe (*Dryocosmus kuriphilus*): Abb. 68

- **an Ästen, am Stamm**
  - Rindenschäden und Aststerben durch Pilzinfektion, „Kastanienrindenkrebs“ (*Cryphonectria parasitica*): Abb. 69

- **an Wurzeln, Stammbasis**
  - Rindennekrosen am Stammfuß; unter der Rinde braunviolette Verfärbung, „Tintenkrankheit“ (*Phytophthora*-Arten): LIT 38

Abb. 68: Gallenbildung durch Japanische Esskastaniengallwespe (*Dryocosmus kuriphilus*)

EM: an missgebildeten Blättern 5 bis 20 mm große, rundliche bis ovale, grüne oder rosafarbene Gallen; auch an Fruchtansätzen, Knospen und Triebspitzen; innen mehrere Kammern mit Larven oder Puppen; tote Gallen dienen als Eintrittspforten für *Cryphonectria parasitica*. Aus China eingeschleppter Schädling (LIT 37).

VM: keine

GM: Ausschneiden befallener Pflanzenteile vor dem Schlupf

Abb. 69: Rindennekrosen durch den Kastanienrindenkrebs und Fruchtkörper von *Cryphonectria parasitica*

EM: Rindennekrose und orangefarbene Sporenlager auf befallener, aufreißender, schließlich absterbender Rinde; als Reaktion auf eine Infektion bilden sich Wasserreiser aus, die ebenfalls befallen werden und abwelken (LIT 33)

VM: keine

GM: Hygiene bei Schnittmaßnahmen; Entnahme befallener Bäume

Catalpa (Trompetenbaum)

- **an Blättern, Knospen, Blüten**
  - weißlicher, mehlartiger Überzug durch Echten Mehltaupilz (*Erysiphe elevata*): Abb. 70
  - plötzliche Welke durch Wirtelpilz-Infektion (*Verticillium*-Arten)
  - Blattflecke durch Pilzinfektion: LIT 9
  - graubraune Wanzen; Marmorierte Baumwanze (*Halyomorpha halys*): Abb. 72
- **an Stamm, Ästen, Wurzeln**
  - weißwollige Überzüge auf Stamm und Ästen durch Maulbeerschildlaus (*Pseudaulacaspis pentagona*): Abb. 71
  - Fäule in Stammfuß und Wurzeln durch Sparrigen Schüppling (*Pholiota squarrosa*): LIT 14 oder Hallimasch: vgl. Abb. 187

Abb. 70: Weißliche Überzüge durch Echten Mehltaupilz (*Erysiphe elevata*)

EM: fleckige, weiße Überzüge oberseits (a); Konidienbildung spärlich; Kleistothecien herdenweise, braun, mit langen, am Ende dichotom verzweigten Anhängseln (b)

VM: *Erysiphe catalpae*: Konidien häufig, Kleistothecien selten, Anhängsel kürzer (LIT 10)

GM: nicht erforderlich

Abb. 71: Saugschäden durch Maulbeerschildlaus (*Pseudaulacaspis pentagona*)

EM: weißer Belag auf der Rinde von Stamm und Ästen; stark befallene Äste verkümmern und sterben ab; auch an Blättern; männliche Larven mit länglichen 1,0 bis 1,5 mm großen Schilden; Schilde der weiblichen Läuse rundoval, ca. 2,5 mm groß, mit mittig gelegenem, gelbem Fleck; in Deutschland zwei Generationen im Jahr; befruchtete Weibchen überwintern; wärmeliebende Art mit hoher Kältetoleranz; aus Ostasien stammender Schädling auf verschiedenen Obst- und Ziergehölzen (LIT 26)
VM: andere Schildlausarten (z. B. *Pulvinaria regalis*, vgl. Abb. 31)
GM: schwer bekämpfbar; befallene Triebe und Bäume entfernen

Abb. 72: Frisch geschlüpfte (a) und adulte (b) Marmorierte Baumwanzen (*Halyomorpha halys*)

EM: Fleckung und Verformung von Früchten, Blättern und Trieben; 12 bis 17 mm große, grau-braun marmorierte Wanze, über die Fühlergelenke reichende weiße Banden, fünf helle Punkte hinter dem Halsschild, heller Bauch ohne dunkle Punkte. Überwinterung als Imago; Eiablage (meist 28 Eier/Gelege) blattunterseits von Juni bis August; fünf Larvenstadien, Aggregation im Herbst oft in/an Gebäuden, dadurch lästig. Invasive, wärmeliebende Wanze mit enormem Schadpotenzial besonders im Obstbau.
VM: harmlose heimische Wanzen, vor allem Graue Gartenwanze (*Rhaphigaster nebulosa*) und Schildwanzen (*Holcostethus* sp.)
GM: Schonung natürlicher Gegenspieler (eiparasitoide Schlupfwespen)

Cedrus (Zeder)

- **an Nadeln, Knospen**
  - Nadelverfärbung, später Nadelfall durch Frost: Abb. 73
  - Nadelflecke und Nadelfall durch *Lophodermium cedrinum*, „Zedernschütte“: Abb. 74
  - Knospendeformationen durch Gallmilben (*Trisecatus cedri*)

- **an Trieben**
  - Welke und Nadelverfärbung nach Spätfrost: Abb. 73
  - Triebsterben durch Grauschimmel (*Botrytis cinerea*)
  - hellbraune Verfärbung von Nadeln und Nadelbüscheln mit anschließendem Absterben der betroffenen Triebe durch *Sirococcus tsugae*: Abb. 75
  - Absterben von Trieben durch *Sphaeropsis sapinea*, „Diplodia-Triebsterben“: vgl. Abb. 193

- **an Ästen, Stämmen, im Holz**
  - Rindenbrand durch *Allantophomopsiella* [*Phomopsis*] *pseudotsugae*, „Schwarzfleckenkrankheit“
  - Bohrlöcher und Absterben der Bäume durch Borken- und Prachtkäfer

- **an Stammbasis, Wurzeln**
  - Baumsterben durch Hallimasch (*Armillaria*-Arten): vgl. Abb. 187
  - Wurzelhalsfäule durch *Phytophthora*: vgl. Abb. 337

Abb. 73: Nadelfall und Kronenverlichtung nach Frost

EM: Abfallen verbräunter Nadeln, junge Triebspitzen schlaff herabhängend nach Frosteinwirkung im Winter oder Frühjahr (Spätfrost)

VM: Grauschimmel-Befall (*Botrytis cinerea*) oft als Sekundärerreger; Nadelschütte der Zeder (Abb. 74)

GM: nicht möglich

Abb. 74: Nadelschütte durch *Lophodermium cedrinum*

EM: chlorotische bis nekrotische Nadelflecke (a), Nadelbräune und aufsteigendes Verkahlen im Spätwinter (b); gesunder Austrieb im Frühjahr; schwarze Fruchtkörper auf den abgestorbenen, meist abgefallenen Nadeln, davon ausgehend Neuinfektionen im Frühling (LIT 8)

VM: Frostschäden

GM: Beseitigung abgefallener Nadeln oder Abdecken durch ausreichende Mulchschicht

Abb. 75: Triebsterben durch *Sirococcus tsugae*

EM: ab Frühsommer braune Nadeln oder Nadelbüschel an den Zweigenden; im Sommer Nadelfall und Verkahlen betroffener Triebe; auf der Rinde mehr oder weniger ausgedehnte Nekrosen, letztlich Absterben des Baums (LIT 12)

VM: Frostschäden

GM: auf ausreichende Bewässerung achten; Entnahme geschädigter Äste oder Bäume

Cercis (Judasbaum)

- **an Blättern, Blüten**
  – zahlreiche, rundliche Blattflecke durch Pilzinfektion (*Sphaerulina* [*Septoria*] *cercidis*): Abb. 76 oder andere Blattfleckenerreger: LIT 9

- **an Ästen, am Stamm**
  – Absterben von Zweigen durch *Verticillium dahliae*: Abb. 77
  – Zweig- und Aststerben durch Rotpustelpilz (*Nectria cinnabarina*): vgl. Abb. 17

Abb. 76: Blattfleckung durch Pilzinfektion (*Sphaerulina* [*Septoria*] *cercidis*)

EM: mehrere, rostbraune, unregelmäßig rundliche Blattflecke; Pyknidien auf beiden Blattseiten; Konidien fadenförmig (ähnlich Tafel II/3)
VM: *Pestalotiopsis funerea* (Tafel III/2)
GM: nicht erforderlich

Abb. 77: Zweigsterben durch Pilzinfektion (*Verticillium dahliae*), „Verticillium-Welke"

EM: Blattbräune an einzelnen Ästen; auf Astquerschnitt bräunlich grüne Verfärbungen (vgl. Abb. 22a)
VM: Rotpustelkrankheit (vgl. Abb. 17)
GM: vor Pflanzung Bodenuntersuchung auf *Verticillium*, Bevorzugung widerstandsfähiger Gehölze, hygienische Vorkehrungen bei Schnittmaßnahmen; Entnahme erkrankter Bäume

Chamaecyparis (Scheinzypresse)

- **an Nadeln, Trieben, Zweigen**
– Nadelverfärbung durch extreme Hitzeeinwirkung: vgl. Abb. 346
– Nadelverbräunung und Triebsterben durch Auftaumittel: vgl. Abb. 347
– ganze Pflanze fahlgrün bis braun durch *Phytophthora*-Infektion an der Wurzel: Abb. 79
– an braunen Triebspitzen Entwicklung schwarzer Fruchtkörper (*Kabatina thujae*)
– Feintriebsterben durch Pilzinfektion (*Pseudocercospora* [*Stigmina*] *thujina*): nur an Altbäumen
– Nadelbräune durch Nadelholzspinnmilbe (*Oligonychus ununguis*): vgl. Abb. 184
– Saugschäden durch Zypressenrindenläuse (*Cinara* spp.): vgl. Abb. 349
– Absterben von Triebspitzen durch Thujaminiermotte (*Argyresthia thuiella*): vgl. Abb. 352
– Absterbeerscheinungen durch Thujaborkenkäfer (*Phloeosinus bicolor*; Syn. *P. aubei*): vgl. Abb. 350
– Triebsterben durch Wicklerraupe (*Batodes angustioranus*): Abb. 80

- **am Stamm, an Wurzeln**
– Rindenrisse durch Frost: Abb. 78
– Wurzelhalsfäule durch *Phytophthora*-Infektion: Abb. 337

Abb. 78: Abiotischer Rindenschaden durch extreme Temperaturverhältnisse im Winter, „Echter Frostriss“

EM: an Jungbäumen stammaxial verlaufendes Aufreißen nur der Rinde auf der Süd-Südwest-Seite; an den Wundrändern nachfolgende Überwallung; Splintholz oft freiliegend; komplexer Schaden durch Temperaturextreme (Wechsel von tiefen Temperaturen mit stärkerer Sonneneinstrahlung) und unzureichender Frosthärte; auch an anderen Zypressengewächsen

VM: Sonnenbrand (vgl. Abb. 18); mechanisch entstandene Rindenverletzungen

GM: Verwendung frostharter Sorten

Abb. 79: Verfärbung der Nadeln (rechts) durch *Phytophthora*-Infektion

EM: zunächst fahlgrüne Verfärbung der Nadeln, oft zunächst einseitig, später Vergrauen und komplette Braunfärbung sowie Absterben des Gehölzes; Wurzelhalsfäule, als Verbräunung am Stammgrund unter der Rinde erkennbar (vgl. Abb. 337)

VM: Trockenheit oder Wurzelfraß durch Engerlinge oder Larven des Dickmaulrüsslers

GM: Entnahme erkrankter Pflanzen, ggf. Bodenaustausch

Abb. 80: Triebsterben durch Fraß der Wicklerraupe (*Batodes angustioranus*)

EM: Absterben der Triebspitze nach Ringelung durch graugrüne, 12 bis 16 mm lange Raupen; Überwinterung in zusammengesponnenen Zweigen; Verpuppung im folgenden Jahr; Falter hell ockerbraun mit schwarzer Zeichnung; polyphag

VM: *Diaporthe* [*Phomopsis*] *juniperivora* (vgl. Abb. 151); Frostschaden

GM: Beseitigung befallener Triebe

Cornus (Hartriegel)

- **an Blättern, Blüten, Trieben**
  - weißlicher Überzug durch Echte Mehltaupilze (*Erysiphe tortilis, Phyllactinia corni*): LIT 10
  - unregelmäßig geformte, dunkelbraune Blattflecke durch Bakterieninfektion (*Pseudomonas syringae*): Abb. 83
  - meist zahlreiche, rundliche Blattflecke durch Pilzinfektion (*Septoria cornicola*): Abb. 81
  - verschieden große, dunkelbraun berandete Blattflecke sowie Absterben von Trieben durch *Discula destructiva*: Abb. 82
  - Saugschäden durch Zwergzikaden (*Typhlocyba*-Arten): vgl. Abb. 15
  - eingerollter Blattrand durch Gallmilben (*Phyllocoptes depressus*)
  - Blattdeformation durch Blattläuse, z. B. *Anoecia corni*: Läuse hellgelb bis gelblich braun
  - Buchtenfraß durch Dickmaulrüssler (*Otiorhynchus*-Arten): vgl. Abb. 335

- **an Zweigen, Ästen, am Stamm**
  - kolonienbildende, bräunliche Schildläuse, z. B. Wollige Napfschildlaus (*Pulvinaria regalis*): Abb. 31 oder Maulbeerschildlaus (*Pseudaulacaspis pentagona*): vgl. Abb. 71
  - Zweigsterben durch Rotpustelpilz (*Nectria cinnabarina*): vgl. Abb. 17

Abb. 81: Blattfleckung durch Pilzinfektion (*Septoria cornicola*)

EM: auf beiden Blattseiten meist zahlreiche, rundliche, graurötliche Flecke mit dunkelviolettem Rand; Pyknidien blattoberseits im Blattgewebe eingesenkt; Konidien nadelförmig, farblos (Tafel I/1); häufiger Blattparasit, ästhetisch wertmindernd; sortenabhängig

VM: andere Pilzinfektionen, z. B. *Phyllosticta cornicola*: Flecke ähnlich, aber Konidien eiförmig (Tafel I/18)

GM: nicht erforderlich

Abb. 82: Blattfleckung und Triebsterben durch Pilzinfektion (*Discula destructiva*)

EM: verschieden große, bräunliche Blattflecke mit dunkelviolettem Rand; bei stärkerem Befall Verformung und Braunwerden von Blättern sowie Absterben von Trieben (a); an stärkeren Zweigen Rindennekrosen (b); Fruchtkörper mit ungleich geformten, spindelförmigen, farblosen, 7 bis 12 × 2,5 bis 3,5 µm großen Konidien (Tafel III/10)

VM: andere Blattfleckenerreger

GM: Ausschneiden befallener Pflanzenteile; Wahl resistenter Sorten

Abb. 83: Dunkelbraune Blattflecke durch Bakterieninfektion (*Pseudomonas syringae*)

EM: dunkelbraune bis schwarze, oft violett berandete Blattflecke mit chlorotischem Rand, von unregelmäßiger Form und Größe, teilweise durch Blattadern eingegrenzt (daher oft eckig); bei hoher Feuchtigkeit Austreten von Bakterienschleim blattunterseits

VM: durch Pilzinfektion bedingte Blattflecke (Abb. 81, 82)

GM: nicht erforderlich

Corylus (Haselnuss, Baum-Hasel)

- **an Blättern, Knospen, Blüten**
- Blattwölbung, Blattrandnekrosen nach sommerlichen Dürreperioden: Abb. 84
- blattoberseits hellgrüne bis gelbliche Flecke durch Virusinfektion
- an Baum-Hasel Blattbräune sowie Trieb- und Aststerben durch Bakterieninfektion: Abb. 88
- weißlich grauer Überzug blattunterseits durch Echten Mehltaupilz (*Phyllactinia guttata*): Abb. 86
- bräunliche Blattflecke mit dunklem Rand durch Pilzinfektion (*Asteroma coryli*): LIT 9
- verwaschen gelbliche Blattfleckung durch Hainbuchenspinnmilbe (*Eotetranychus carpini*): vgl. Abb. 59
- Knospendeformation durch Gallmilben-Befall (*Phytoptus avellanae*): Abb. 87
- silbrige Sprenkelung durch Saugen von Zwergzikaden
- silbrig weiße Platzminen durch Raupen der Haselminiermotte (*Phyllonorycter coryli*): Abb. 85
- Blattdeformation mit aufreißenden Stichstellen durch Haselnusswanze (*Phylus coryli*)
- glänzender Honigtauüberzug oberseits durch Haselnusszierlaus (*Myzocallis coryli*): weißliche bis hellgrüne Blattläuse mit roten Augen und kurzen Siphonen
- Blattkräuselung und Triebdeformation durch Haselnusslaus (*Corylobium avellanae*): adulte Läuse grün, mit langen Siphonen
- Blattwickel durch Schwarzen Birkenblattroller (*Deporaus betulae*): LIT 31
- Fenster- oder Lochfraß durch verschiedene Käferarten, z. B. Blauen Erlenblattkäfer (*Agelastica alni*): vgl. Abb. 39 oder Silbergrünen Laubholzrüssler (*Phyllobius argentatus*): Käfer metallisch goldgrün glänzend, 4 bis 6 mm lang

- **an Trieben**
- Saugschäden durch Haselschildlaus (*Eulecanium tiliae*): Schilde halbkugelig gewölbt, glänzend braun, 3 bis 5 mm lang und breit, bis 5 mm hoch, polyphag: vgl. Abb. 340

- **an Ästen, am Stamm**
- krebsartige Wunden, Absterben von Ästen, Holzfäule durch Runzeligen Schichtpilz (*Stereum rugosum*): vgl. Abb. 65
- Fraßgänge im Splintholz durch Larven von Prachtkäfer (*Agrilus subauratus*) oder Splintkäfer (*Scolytus*-Arten)
- außen am Stamm bräunliche Konsolen; im Holz Weißfäule durch Rötende Tramete (*Daedaleopsis confragosa*): vgl. Abb. 311
- Baumsterben durch Bakterieninfektion: Abb. 88

Abb. 84: Blattschäden nach sommerlicher Dürreperiode

EM: a) Blattrollung oder Schiffchenbildung durch Wassermangel (Trockenstress-Symptom), reversibler Vorgang
b) Blattranddürre durch akuten Wassermangel bei anhaltender, sommerlicher Hitze, irreversibel; vorzeitiger Blattfall

VM: Schäden durch Auftaumittel, Kaliummangel (LIT 18)
GM: ausreichende Wasserzufuhr

Abb. 85: Silbrige Platzminen durch Raupen der Haselminiermotte (*Phyllonorycter coryli*)

EM: blattoberseits silbrig weiße, anfangs rundliche, später gestreckte, 5 bis 20 mm große Platzmine; unter der abgehobenen, durchscheinenden Epidermis jeweils eine 2 bis 4 mm lange, weißliche, beinlose Raupe mit schwarzen Segmentflecken; Larvenentwicklung und Verpuppung in der Mine
VM: Erlenknospenmotte (*Coleophora serratella*, LIT 31)
GM: nicht erforderlich

Abb. 86: Blattfleckung durch Echten Mehltaupilz (*Phyllactinia guttata*)

EM: Flecke oberseits unscheinbar; unterseits (a) Kolonien mit verschieden reifen (farbigen) Kleistothecien (b); Anhängsel basal blasenförmig angeschwollen

VM: Spinnmilben (vgl. Abb. 106)

GM: nicht erforderlich

Abb. 87: Knospendeformation durch Haselknospengallmilbe (*Phytoptus avellanae*)

EM: stark vergrößerte, graubraune, kugelige Knospengalle, kohlkopfartig, bestehend aus zahlreichen, aufeinanderliegenden Knospenschuppen; Milben zwischen Knospenschuppen, später auch freibeweglich an äußeren Pflanzenteilen; adulte Milben weißlich, langgestreckt, walzenförmig, 0,2 bis 0,3 mm groß

VM: keine

GM: Entfernen der Gallen im Herbst (vor dem Schlupf der Milben im Frühjahr)

Abb. 88: Baumsterben durch Bakterieninfektion (*Pseudomonas*- und *Xanthomonas*-Arten), hier bei Baum-Hasel

EM: bereits im Sommer Laubverfärbung mit welkenden Blättern; vermehrte Fruchtbildung; Blattverluste führen zu schütterer Belaubung (a, Baum im Vordergrund); Absterben von Zweigen (b) bis Abgang des ganzen Baumes; unter der Borke stellenweise schwer erkennbare Nekrosen, von denen sektoriale Verfärbungen ins Holz ausstrahlen (c); als späte Folge Schleimfluss; meist rascher Krankheitsverlauf; Infektion über Schnittwunden; Bakteriennachweis im Labor; auch an Gewöhnlicher Haselnuss; neuartige Krankheit (LIT 23)

VM: Dürreschäden (Abb. 84)

GM: frühzeitige Astung (bei Starkästen erhöhte Infektionsgefahr!); erkrankte Bäume roden

Cotoneaster (Zwergmispel)

- **an Blättern, Blüten**
  - rötlich gelbe Blattflecke durch Rostpilzinfektion (*Gymnosporangium confusum*): LIT 25
  - Verbräunung von Blüten und Blättern durch „Feuerbrand“ (*Erwinia amylovora*): vgl. Abb. 95
  - Blattfleckung durch Pilzinfektion (*Diplocarpon mespili*): vgl. Abb. 90
  - Blattverfärbung durch Obstbaumspinnmilbe (*Panonychus ulmi*)
  - Blattfraß durch Mispelzünsler (*Ancylis tineana*): Abb. 89
- **an Trieben, Zweigen**
  - Verdorren von Zweigspitzen durch Bakterieninfektion, „Feuerbrand“ (*Erwinia amylovora*): vgl. Abb. 95
  - Triebsterben durch Pilzinfektion (*Phomopsis cotoneastri*): Schwächeparasit, Konidien einzellig: ähnlich Tafel I/19
  - gelbe oder schwarzrötliche Läuse (Blutlaus) mit weißer Wachsausscheidung (*Eriosoma lanigerum*): vgl. Abb. 236

Abb. 89: Fraßschäden durch Raupen des Mispelzünslers (*Ancylis tineana*)

EM: blattoberseits Schabefraß der Raupen an zusammengesponnenen Blättern; auffällig durch abgestorbene, gelbbraune Pflanzenteile und Kotkrümel in lokalen Gespinsten; Raupen bis 11 mm lang, hellbraun mit braunem Kopf; im Juli Falter mit purpurrot und grau gezeichneten Flügeln; besonders auf südexponierten Flächen; auch auf Schlehe und Weißdorn
VM: andere Schmetterlingsraupen
GM: Rückschnitt befallener Triebe

Crataegus (Weißdorn)

- **an Blättern, Knospen, Früchten**

– weiße Überzüge durch Echte Mehltaupilze: im Frühjahr auf beiden Blattseiten und an Trieben durch *Podosphaera clandestina*, im Spätsommer blattunterseits durch *Phyllactinia mali*: vgl. Abb. 86
– olivschwarze Fleckung auf Blättern, schwarze Beläge an Früchten durch Schorfpilzinfektion (*Venturia crataegi*)
– blasenartige, grüne oder rötliche Blattdeformationen durch Pilzinfektion (*Taphrina crataegi*): LIT 4
– gelbe oder rötliche Fleckung auf Blättern und Früchten durch Rostpilzinfektion (*Gymnosporangium clavariiforme*): Abb. 96
– kleinere, rundliche, bräunliche Blattflecke (Blattsprenkelung) durch Pilzinfektion (*Diplocarpon mespili*): Abb. 90
– größere, runde Flecke durch Pilzinfektion (*Septoria crataegi*): Konidien ähnlich Tafel I/1
– eckige Flecke durch Pilzinfektion (*Myriellina cydoniae*): Abb. 91
– Blattsprenkelung durch Zwergzikaden (*Edwardsiana crataegi*)
– Saugschäden an Blatt und Triebspitzen mit Wachsausscheidungen durch Weißdornblattfloh (*Cacopsylla melanoneura*): Abb. 92
– knopfartige, grünliche oder rötliche Auswüchse an Blättern und Triebspitzen durch Weißdorngallmücke (*Dasineura crataegi*): LIT 4
– rötliche Blattfleckung, Blattdeformation durch Weißdornblattlaus (*Dysaphis crataegi*): Abb. 93
– eingerollte Blätter, starke Honigtauproduktion durch Grüne Apfelblattlaus (*Aphis pomi*)
– pockenartige, grünliche bis braune, ca. 1 mm große Blattgallen durch Weißdornpockenblattmilbe (*Aceria crataegi*): LIT 6
– Blattfraß durch kolonienbildende, graugrüne Raupen der Pflaumengespinstmotte (*Yponomeuta padella*): Abb. 94
– Blattfraß durch kolonienbildende, rotbraune Raupen der Weißdorngespinstmotte (*Scythropia crataegella*)
– Blattschäden durch freifressende Schmetterlingsraupen, z. B. Kleiner Frostspanner: vgl. Abb. 62a
– braune Blattflecke durch Minierfraß von Larven des Weißdornrüsselkäfers (*Rhamphus oxyacanthae*)

- **an Trieben, Zweigen**

– weißwollige Überzüge mit rötlich schwarzen Läusen (*Eriosoma lanigerum*): vgl. Abb. 236
– Zweigwelke durch Bakterieninfektion, „Feuerbrand“ (*Erwinia amylovora*): Abb. 95

- **am Stamm, im Holz**

– am Stamm: D-förmige Ausbohrlöcher; unter der Rinde zickzackartige Fraßgänge von Birnbaumprachtkäfer (*Agrilus sinuatus*): Abb. 97
– Braunfäule im Stamm durch Befall mit holzzersetzenden Pilzen: Abb. 98

Abb. 90: Blattsprenkelung durch Blattfleckenpilz (*Diplocarpon mespili*), „Entomosporium-Blattbräune“

EM: zahlreiche, rotbraune Flecke blattoberseits (a); vorzeitige Entlaubung (b); Konidien der *Entomosporium*-Nebenfruchtform mit borstenförmigen Anhängseln (Tafel III/3)

VM: *Myriellina cydoniae* (Abb. 91): Blattflecke eckig und größer

GM: Entfernen abgefallener Blätter; bei stärkerem Befall Rückschnitt

Abb. 91: Braunfleckigkeit durch Pilzinfektion (*Myriellina cydoniae*)

EM: beidseitig 2 bis 4 mm große, von Blattadern eingefasste, braune Flecke; blattoberseits graue, punktförmige Fruchtkörper mit ein- bis dreizelligen, gekrümmt-zylindrischen Konidien (Tafel III/11)

VM: *Diplocarpon mespili* (Abb. 90); Gallmilbe *Eriophyes crataegi*; Sommerminen des Rüsselkäfers *Rhamphus oxyacanthae*

GM: Entfernen abgefallener Blätter; bei stärkerem Befall Rückschnitt

Abb. 92: Saugschäden durch Weißdornblattsauger, „Weißdornblattfloh" (*Cacopsylla melanoneura*)

EM: an Trieben und jungen Blättern grüne Larven (ähnlich Abb. 52a) mit weißen, klebrigen Wachsfäden (a); später blasenartige, hellgrüne oder rötliche Blattflecke (b); Überträger der Apfeltriebsucht!

VM: Grüne Apfelblattlaus

GM: normalerweise nicht erforderlich; in Nähe von Apfelkulturen Behandlung mit einem gegen saugende Insekten zugelassenen Insektizid

Abb. 93: Blattfleckung, Blattdeformation durch Blattlaus-Befall durch die „Weißdornblattlaus" (*Dysaphis crataegi*)

EM: bereits ab Ende April dunkelrote Verfärbung blasenartig gewölbter Blattpartien; blattunterseits schwärzliche, mit weißem Wachs bestäubte Läuse; geflügelte Läuse wandern ab auf Möhre (Wurzelbefall); später Rückwanderung auf Weißdorn

VM: *Taphrina crataegi* (LIT 4)

GM: nicht erforderlich

Abb. 94: Fraßschäden durch Pflaumengespinstmotte (*Yponomeuta padella*)

EM: Blattfraß bis Kahlfraß durch gelbliche, später graue Raupen mit schwarzen Punkten und dunklem Rückenstreifen (a), in Kolonien auftretend; Verpuppung in hellbräunlichen Kokons in gemeinschaftlichen, halbdurchsichtigen Gespinsten (b); Falter rein weiß, Vorderflügel mit je vier Längsreihen schwarzer Punkte (c); Vorkommen auf Pflaume, Weißdorn, Schlehe und Eberesche; an Feldrainen und im Siedlungsbereich
VM: Weißdorngespinstmotte (*Scythropia crataegella*): Flügel braun gebändert
GM: bei Befallsbeginn Nester ausschneiden

a

b

c

Abb. 95: „Feuerbrand" durch Bakterieninfektion (*Erwinia amylovora*)

EM: Verdorren von Trieben (a); Spitze oft hakenförmig gekrümmt (b); auf Rinde eintrocknender Bakterienschleim

GM: Ausschneiden erkrankter Partien, ggf. Rodung des Gehölzes. Quarantänestatus aufgehoben, nicht mehr meldepflichtig!

Abb. 96: Blattfleckung, Fruchtbefall durch Rostpilzinfektion (*Gymnosporangium clavariiforme*), „Weißdornrost"

EM: gelbe bis braunrote, angeschwollene Blattflecke; unterseits zylindrische, 1 bis 2 mm hohe Aecidien mit fransenartiger Sporenhülle (Peridie); auch an Stielen und deformierten Früchten; Wirtswechsel mit Wacholder-Arten

VM: *Gymnosporangium confusum*: Aecidien länger, nur auf Blättern; Wirtswechsel ebenfalls mit *Juniperus*-Arten (LIT 25)

GM: räumliche Trennung beider Wirte

Abb. 97: Rindenschäden durch Birnbaumprachtkäfer (*Agrilus sinuatus*)

EM: querovales Ausflugsloch als äußeres Befallsmerkmal (a); unter der Rinde zickzackartige Fraßgänge (b) mit weißen Larven (Blitzwurm); Käfer rotbraun; nur an vorgeschädigten Bäumen (LIT 2)

GM: Wachstumsbedingungen optimieren, z. B. ausreichende Bewässerung; keine Bekämpfung zulässig, da Birnbaumprachtkäfer zu den besonders geschützten Arten gehört (Bundesartenschutz-Verordnung)

Abb. 98: Stammfäule durch Infektion mit holzzersetzenden Pilzen

EM: nach Infektion über Ästungswunden oder Stammverletzungen Braunfäule im zentralen Stammbereich; später dort großräumige Höhlungen; Fruchtkörper meist nicht ausgebildet; als Frühsymptom abgestorbene und eingesunkene Rindenstreifen am Stamm (Totstreifen); nur an überalterten, geschwächten Straßenbäumen; Birnbaumprachtkäfer als häufiger Folgeschädling (Abb. 97)

VM: Sonnenbrand (vgl. Abb. 18)

GM: stark befallene Bäume roden; Vermeidung von Prellungsschäden: Eintrittspforten für Schaderreger!

Euonymus (Spindelbaum, Pfaffenhütchen)

- **an Blättern**

– chlorotische Fleckung oder Scheckung durch Virusinfektion (u. a. Spindelbaummosaikvirus)
– weißlicher Belag durch Echte Mehltaupilze: auf *Euonymus europaeus* durch *Erysiphe euonymi*, auf *Euonymus japonicus* durch *Erysiphe euonymi-japonici*: Abb. 100
– orangefarbene Aecidien auf Blattadern und -stielen durch Spindelbaumrostpilz (*Melampsora epitea*): Wirtswechsel mit *Salix*-Arten: LIT 25
– Blatt- und Triebsterben an *Euonymus fortunei* durch Pilzinfektion (*Cylindrocladiella parva*)
– Blattkräuselung durch Schmierlaus-Befall (*Phenacoccus aceris*)
– kleinfleckige, hellgrüne Blattverfärbung durch Spindelbaumschildlaus (*Unaspis euonymi*): Abb. 99
– Blattrandrollung durch Spindelbaumblattrandgallmilbe (*Eriophyes convolvens*): Abb. 103
– blattunterseits abnorme, weißliche Behaarung durch Filzgallmilbe (*Eriophyes psilonotus*): Abb. 101
– Blattkräuselung durch Schwarze Bohnenlaus (*Aphis fabae*): Abb. 102
– Blattfraßschäden durch Raupen der Pfaffenhütchengespinstmotte (*Yponomeuta plumbella*): vgl. Abb. 94

Abb. 99: Saugschäden durch Spindelbaumschildlaus (*Unaspis euonymi*)

EM: fleckenartige Verfärbung und Verformung der Blätter; bei starkem Befall Absterben der Pflanze; männliche Schilde weiß, bis 2,5 mm lang (Bild); weibliche Schilde dunkelbraun, austernförmig; in Südeuropa weitverbreitet (LIT 36)
VM: Maulbeerschildlaus (Abb. 71)
GM: schwer bekämpfbar; Behandlung mit einem gegen saugende Insekten zugelassenen Insektizid

Abb. 100: Weißer Belag durch Echte Mehltaupilze (*Erysiphe*-Arten)

EM: a) *Erysiphe euonymi-japonici*: blattoberseits weiße Mycelüberzüge mit Konidien; Kleistothecien selten; nur auf *Euonymus fortunei* und *E. japonicus*

b) *Erysiphe euonymi*: Überzug beidseitig, mit Kleistothecien; nur auf *E. europaeus*

VM: Filzgallmilbe (Abb. 101)

GM: nicht erforderlich

Abb. 101: Gallenbildung durch Filzgallmilbe (*Eriophyes psilonotus*)

EM: abnorme, silbrig weiße Behaarung blattunterseits, oft dichte Überzüge bildend; Blattdeformation; im Epidermisfilz winzige, farblose Milben

VM: *Erysiphe euonymi*: weißer Überzug beiderseits der Blätter (Abb. 100)

GM: nicht erforderlich

Abb. 102: Blattkräuselung durch Schwarze Bohnenlaus (*Aphis fabae*)

EM: Blätter der Triebspitze knäuelartig deformiert (a); unterseits 1,5 bis 3 mm große, blauschwarze, ungeflügelte, kolonienbildende Läuse (b) mit dunklen Siphonen

VM: Blattrollung durch Echte Mehltaupilze; andere Läusearten

GM: nicht erforderlich

Abb. 103: Gallenbildung durch Spindelbaumblattrandgallmilbe (*Eriophyes convolvens*)

EM: Blattränder eng nach oben eingerollt und etwas verdickt, im Aussehen hellgrün bis weißlich; im umgeschlagenen Rand zahlreiche, sehr kleine Milben; befallene Blätter stellenweise mehr oder weniger stark deformiert (LIT 4)

VM: keine

GM: nicht erforderlich

Fagus (Buche)

- **an Blättern, Knospen**
- Blattwelke und -bräune durch Spätfrost: LIT 18
- Blattrollen, Blattrandnekrose durch Trockenheit: Abb. 104
- chlorotische Verfärbung durch Magnesiummangel oder andere Mangelkrankheiten: LIT 18
- weißer Blattüberzug durch Echten Mehltaupilz (*Phyllactinia orbicularis*): LIT 10, 25
- Blattnekrosen durch sekundäre Pilzentwicklung (*Apiognomonia errabunda*): Abb. 108
- bronzefarbene Blattverfärbung durch Spinnmilben-Befall (*Tetranychus* sp.): Abb. 106
- Blattgallen durch Gallmücken oder Gallmilben: Abb. 107
- weißliche Sprenkelung durch Zikaden (z. B. *Fagocyba cruenta*): vgl. Abb. 15
- Deformation durch Gemeine Buchenblattbaumlaus, „Buchenzierlaus" (*Phyllaphis fagi*): Abb. 105
- Lochfraß, Gang- und Platzmine durch Buchenspringrüssler (*Rhynchaenus fagi*): LIT 18
- ovale, grünliche, später bräunliche Blattminen durch Buchenminiermotte (*Phyllonorycter maestingella*): Abb. 109
- Blattschäden durch freifressende Schmetterlingsraupen: z. B. Buchenrotschwanz (*Dasychyra pudibunda*)
- Blattfraß durch Feldmaikäfer (*Melolontha melolontha*): vgl. Abb. 246

- **an Ästen, am Stamm, im Holz**
- Absterben und Aufreißen der Rinde durch Hitze, „Sonnenbrand"
- kugelige, rötliche Fruchtkörper auf toter Rinde durch Pilzinfektion (*Neonectria*-Arten): vgl. Abb. 17
- auf der Rinde horizontale, streifenartige oder rundliche Flecke durch Schwarzen Rindenschorf (*Ascodichaena rugosa*): Abb. 113
- schwarze, rundliche, krustige, mehr oder weniger streifenartig zusammenfließende Pilzfruchtkörper (*Biscogniauxia nummularia*) auf der Rinde: Abb. 114
- rindenbrütende Borkenkäfer; Kleiner Buchenborkenkäfer (*Taphrorychus bicolor*); viele kleine Schleimflussflecke: LIT 18
- Weißfäule im Stamm; außen konsolenförmige Fruchtkörper von Echtem Zunderschwamm (*Fomes fomentarius*): LIT 14

- **an Stammbasis, Wurzeln**
- Weißfäule am Stammfuß; außen braune Fruchtkörper von Wulstigem (*Ganoderma adspersum*) oder Flachem Lackporling (*Ganoderma applanatum*): Abb. 111
- Weißfäule an Stammbasis und Wurzeln durch Riesenporling (*Meripilus giganteus*): Abb. 112
- Weißfäule im Stammfuß; außen krustenförmige, schwarze Fruchtkörper von Brandkrustenpilz (*Kretzschmaria* [*Ustulina*] *deusta*): Abb. 110
- Kambium- und Wurzelschäden durch Hallimasch: vgl. Abb. 187
- Wurzelhalsfäule durch Befall mit *Phytophthora cambivora*: LIT 38
- andere, an absterbendem Stamm oder totem Holz auftretende Pilzfruchtkörper: z. B. Schmetterlingstramete (*Trametes versicolor*)

Abb. 104: Trockenheitsbedingte Schäden an Blatt (a) und Krone (b)

EM: Blattrollung nach oben; braune Blattrandverfärbung; Verdorren und Abfallen der Blätter, Kronenverlichtung aufgrund anhaltender Trockenheit und Hitze; nachfolgend Rindenschäden durch Sonnenbrand; an geschwächten Bäumen Befall durch rindenbürtige Pilze und Käfer (LIT 20)

VM: Einwirkung von Auftaumitteln (vgl. Abb. 25); Nährstoffmangel (LIT 18); Wurzelschäden; Kahlfraß durch Insekten

GM: ausreichende Nährstoff- und Wasserversorgung, versiegelten Wurzelraum öffnen

Abb. 105: Saugschäden durch Buchenblattbaumlaus (*Phyllaphis fagi*)

EM: blattunterseits gelbliche Läuse mit weißer Wachswolle (a) und hellen Honigtautröpfchen (b); junge Blätter hell gefleckt, später gekräuselt

VM: Spätfrostschäden (LIT 18); Trocknisschäden

GM: Nützlingsförderung; Insektizideinsatz in der Regel nicht erforderlich

Abb. 106: Saugschäden durch Spinnmilben (*Tetranychus* sp.)

EM: blattoberseits feine, bräunlich gelbe Sprenkelung oder Fleckung, die zu Blattrollung oder Welkesymptomen führen; blattunterseits 0,2 bis 0,5 mm große, gelbliche Milben, oft in feinen Gespinsten; Vorkommen bevorzugt an geschnittenen Hecken

VM: Nährstoffmangel (LIT 18); Strahlungsschäden (vgl. Abb. 60): Fehlen von Spinnmilben/Läusen; Buchenblattbaumlaus (Abb. 105)

GM: Luftfeuchte erhöhen, Bewässerung optimieren

Abb. 107: Gallenbildung durch Gallmücken (a, b) und Gallmilben (c, d)

EM: a) Buchengallmücke (*Mikiola fagi*): blattoberseits bis 10 mm hohe, grüne/rote, glatte Beutelgalle, innen Ei/Larve; b) Buchenblattgallmücke (*Hartigiola annulipes*): grüne/bräunliche, haarige Beutelgalle, innen weiße Larve; c) Blattrandgallmilbe (*Acalitus stenaspis*): schmale, hellgrüne Blattrandrollung nach oben, innen winzige Milben; d) Buchenfilzgallmilbe (*Aceria nervisequa*): blattunterseits zwischen Adern weißliche oder rötliche Filzrasen mit Milben (LIT 4)

GM: nicht erforderlich

Abb. 108: Blattbräune durch Pilzinfektion (*Apiognomonia errabunda*)

EM: unregelmäßige, braune Nekrosen durch Entwicklung endophytischer Pilze (a); Insekten als Auslöser (Minierer oder Gallenbildner, hier *Hartigiola annulipes*, b, oben); betroffene Gallen sterben ab; blattunterseits Pyknidien der *Discula*-Konidienform mit einzelligen, farblosen Konidien (ähnlich Tafel III/6)
VM: Buchenspringrüssler (LIT 18)
GM: nicht erforderlich

Abb. 109: Interkostale Blattfleckung durch Buchenminiermotte (*Phyllonorycter maestingella*, Syn. *Lithocolletis faginella*)

EM: Mine zwischen zwei Blattadern, länglich-elliptisch, anfangs grünlich, fein punktiert, später braun, durch Gespinstfäden zwischen zwei Blattadern aufgewölbt; im Innern bis 4 mm lange, hellgelbe Raupe; Verpuppung und Überwinterung in der Mine
VM: kleinere Flecke des Blattbräunepilzes (Abb. 108)
GM: nicht erforderlich

Abb. 110: Rinden- und Holzfäule durch Brandkrustenpilz (*Kretzschmaria* [*Ustulina*] *deusta*)

EM: im Frühjahr bis 20 cm große, flach der Unterlage anliegende, anfangs weiße, später graue Stromata (a) mit mehlartigem Überzug (Konidienlager der Nebenfruchtform); ab Sommer Umbildung in schwarze Stromata der Hauptfruchtform (Abb. 36b); Infektion über Wunden im Wurzel- und Stammfußbereich; Fäuleentwicklung zungenförmig stammaufwärts (b); anfangs Moderfäule, später Weißfäule mit dunklen Demarkationslinien im Holz (c); Umsturzgefahr!

VM: Fruchtkörper unverwechselbar; Holzfäule durch andere Holzzersetzer, z. B. *Hypoxylon*-Arten (LIT 11)

GM: Vermeiden von Rindenverletzungen; Entnahme erkrankter Bäume

Abb. 111: Stammfäule durch Infektion mit holzzersetzenden Pilzen (*Ganoderma*-Arten)

EM: a) Wulstiger Lackporling (*Ganoderma adspersum*): Konsolen hufförmig, mit nicht eindrückbarer Kruste
b) Flacher Lackporling (*Ganoderma applanatum*): Konsolen flach, nierenförmig, mit eindrückbarer Kruste; Sporen kleiner als bei *G. adspersum*.
Fruchtkörper beider Arten mehrjährig, mit brauner Rinde und braunem Sporenstaub; Schwächeparasiten an älteren Bäumen

VM: andere Porlinge (LIT 11)

GM: Entnahme nicht mehr standsicherer Bäume

Abb. 112: Wurzelfäule durch Riesenporling (*Meripilus giganteus*)

EM: am Wurzelanlauf rosettenartige (a), seitlich gestielte Fruchtkörper (b), bis 1 m Umfang, auf Druck schwarz werdend; Äste mit kleinblättriger Belaubung, später aufgebogen (c, Krallenbildung); bei jährlich wiederholter Fruchtkörperbildung Umsturzgefahr!

VM: andere Porlingsarten (LIT 14); Krallenbildung: Trocken- und Hitzeschäden

GM: Entnahme nicht mehr standsicherer Bäume

Abb. 113: Rindenflecke durch Schwarzen Rindenschorf (*Ascodichaena rugosa*)

EM: schwarze Flecke im unteren Stammbereich (a); Fruchtkörper mehrjährig, anfangs kaffeebohnenförmig (b), später gekröseartig; meist als Konidienform (*Polymorphum quercinum*); Pilz lebt parasitisch vom Zellinhalt der inneren Rindenschicht; Schnecken als „Weidetiere" und Sporenüberträger (LIT 11)

Abb. 114: Schwarze rundliche Stromata der Pfennig-Kohlenkruste auf der Rinde (*Biscogniauxia nummularia*)

EM: schwarze Krusten mit zahlreichen eingebetteten Fruchtkörpern, aus denen bei Reife dunkelbraune Ascosporen entlassen werden; oftmals nach heißen und trockenen Sommern häufig anzutreffender Rinden- und partieller Holzzersetzer, erhöhte Astbruchgefahr (LIT 30)
VM: *Biscogniauxia mediterranea*, seltener
GM: Vitalität durch ausreichende Wässerung sichern

Forsythia (Forsythie)

- **an Blättern, Knospen, Blüten**
  - Blütenwelke und Triebsterben durch Pilzinfektion (*Monilinia laxa*): vgl. Abb. 228
  - hellbraune Blattflecke durch Pilzinfektion (*Boeremia exigua*, Syn. *Ascochyta forsythiae*): LIT 3
  - weißlicher Blattüberzug, Blattdeformation durch Echten Mehltaupilz (*Podosphaera pannosa*)
  - braune Blattminen mit gelblichen Raupen der Fliedermotte (*Gracillaria syringella*): vgl. Abb. 124
  - chlorotische, ölig erscheinende rundliche, teils aufgewölbte, später nekrotische Blattflecke durch *Cladosporium forsythiae*: Abb. 117

- **an Trieben, Ästen, am Stamm**
  - genetisch bedingte Sprossverbreiterung: vgl. Abb. 309
  - an Trieben warzige Wucherungen durch Bakterieninfektion (*Rhodococcus fascians*): Abb. 115
  - Triebfäule durch Bakterieninfektion (*Pseudomonas syringae*)
  - Triebsterben mit welkenden Blättern durch Pilzinfektion (*Sclerotinia sclerotiorum*): Abb. 116
  - Rindenschäden durch Fraß von Wildkaninchen (*Oryctolagus cuniculus*): vgl. Abb. 133

- **an Wurzeln**
  - Fraßschäden durch Larven von Dickmaulrüsslern (*Otiorhynchus*-Arten): vgl. Abb. 335

Abb. 115: Gallenartige Wucherungen durch Bakterieninfektion (*Rhodococcus fascians*)

EM: an der Basis von Jungtrieben haselnussgroße, rundliche bis gestreckte, fleischige, später verholzende Gallen mit grobwarziger Oberfläche; apikal liegende, zwergwüchsige Triebe verkümmern und sterben ab; Nachweis von Bakterien im Labor

VM: keine

GM: erkrankte Triebe abschneiden, nicht kompostieren

Abb. 116: Trieb- und Zweigsterben durch Pilzinfektion (*Sclerotinia sclerotiorum*), „Sclerotinia-Welke“

EM: Blätter welken und werden braun (a); unter der abgestorbenen Rinde dickerer Zweige dunkel durchscheinende, schwarze Sklerotien (b, rechts aufgeschnitten)

VM: Triebfäule durch Bakterieninfektion (*Pseudomonas syringae*); „Monilia-Triebsterben“ (Abb. 228)

GM: erkrankte Triebe ausschneiden

Abb. 117: Blattflecke durch Infektion mit *Cladosporium forsythiae*

EM: unscharf abgegrenzte, leicht ölig erscheinende chlorotische Flecke, teils blasig aufgewölbt, später verbräunend

VM: andere pilzliche Blattflecken (LIT 3)

GM: nicht erforderlich; stark wachsende Sorten sind weniger betroffen

Frangula (Faulbaum), Rhamnus (Kreuzdorn)

- **an Blättern, Trieben**
  - weißliche Überzüge durch Echte Mehltaupilze an Faulbaum (*Erysiphe divaricata*) oder auf Kreuzdorn (*Erysiphe friesii*): LIT 10
  - Deformationen durch Kronenrost (*Puccinia coronata*): Abb. 118
  - knorpelig eingerollter Blattrand (bei Kreuzdorn) durch Kreuzdornblattfloh (*Trichochermes walkeri*): LIT 6
  - braunrote, spiralig enge Miniergänge durch Faulbaumzwergwickler (*Bucculatrix frangulella*)
  - Blattdeformation durch Kolonien der Faulbaumblattlaus (*Aphis frangulae*): Läuse graugrün

Abb. 118: Blattfleckung und Triebdeformation durch Rostpilzinfektion (*Puccinia coronata*), „Kronenrost", auf Kreuzdorn (a) und Faulbaum (b)

EM: blattoberseits gelbe Flecke; becherförmige Aecidien auf deformierten Blättern (a), Blatt- oder Blütenstielen (b); Uredo- und Teleutolager auf Gräsern

VM: keine

GM: an Gehölzen nicht erforderlich; in der Landwirtschaft als „Haferkronenrost" gefürchtet und bekämpfungswürdig

Fraxinus (Esche)

- **an Blättern, Knospen, Blüten**
- Blattrandnekrosen durch Trockenheit oder Auftaumittel: vgl. Abb. 5
- chlorotische Blattfleckung und -deformation durch Virusinfektion (Kirschenblattrollvirus): Abb. 123
- weißliche Überzüge blattunterseits durch Echten Mehltaupilz (*Phyllactinia fraxini*): Abb. 119
- braune Blattfleckung durch *Didymella* [*Phoma*] *macrostoma*: Abb. 125
- welkende, braunschwarze Blätter durch Welkepilz (*Hymenoscyphus fraxineus*): Abb. 128
- kreisförmige grüne, später braune Flecke durch Eschengallmücke (*Dasineura fraxinea*): Abb. 121
- Nester gekräuselter Blätter durch Eschenblattnestlaus (*Prociphilus fraxini*): Abb. 122
- Einrollen und Verfärbung der Blattränder durch Eschenblattfloh (*Psyllopsis fraxini*): Abb. 120
- Blütendeformation durch Eschengallmilbe (*Aceria fraxinivora*): Abb. 127
- Schäden an Endknospe und Blättern durch Eschenzwieselmotte (*Prays curtisellus*)
- länglicher, oft rötlich verfärbter Wulst auf der Blattmittelrippe durch Eschengallmücke (*Dasineura fraxini*): LIT 4
- Minierfraß durch Fliedermotte (*Gracillaria syringella*): Abb. 124
- Fensterfraß durch beinlose Larven des Eschenrüsselkäfers (*Stereonychus fraxini*): Abb. 126

- **an Trieben, Ästen, am Stamm, im Holz**
- Triebsterben, Rindennekrosen, Kronenverlichtung durch Pilzinfektion (*Hymenoscyphus fraxineus*): Abb. 128
- auf Rindenoberfläche orangeroter Algenbesatz: Abb. 129
- auf Rinde grauweiße Überzüge von Weißem Rindenpilz: Abb. 130
- Schälschäden durch Hornisse (*Vespa crabro*)
- Nageschäden am Stamm durch Wildkaninchen (*Oryctolagus cuniculus*): Abb. 133
- Baumsterben durch Asiatischen Eschenprachtkäfer (*Agrilus planipennis*): in Deutschland bisher nicht nachgewiesen
- durch fehlerhafte Ästung verursachte Stammrisse mit Ausbildung erhabener Wundleisten: Abb. 132
- Baumkrebs mit regelmäßigen Überwallungsrändern durch Pilzinfektion (*Neonectria ditissima*): Abb. 131a
- gekröseartige Krebswucherungen durch Bakterieninfektion (*Pseudomonas syringae*): Abb. 131b
- Befall durch Bunten Eschenbastkäfer (*Hylesinus fraxini*; Syn. *Leperesinus varius*): Abb. 135
- Weißfäule im Holz durch Schuppigen Porling (*Cerioporus* [*Polyporus*] *squamosus*): Abb. 134, Zottigen Schillerporling (*Inonotus hispidus*): vgl. Abb. 205a, b oder Schüpplinge (*Pholiota*-Arten): vgl. Abb. 205c
- Bohrgänge im Holz durch Raupen des Blausiebs: vgl. Abb. 174

Abb. 119: Weiße Blattfleckung oder Überzüge durch Echten Mehltaupilz (*Phyllactinia fraxini*)

EM: bei Frühbefall Kräuselung und Kümmerwuchs der Blätter; später oberseits chlorotische bis bräunliche Flecke; unterseits weiße Flecke oder Überzüge (a), anfangs mit keulenförmigen Konidien, ab Spätsommer rotgelbe bis braunschwarze Kleistothecien mit randständigen, farblosen, an der Basis angeschwollenen, stiftförmigen Anhängseln (b)

VM: Blattrandnekrosen durch Trockenheit; andere Pilzinfektionen, z. B. *Didymella* [*Phoma*] *macrostoma* (Abb. 125)

GM: nicht erforderlich

Abb. 120: Blattdeformation und Blattverfärbung durch Eschenblattfloh (*Psyllopsis fraxini*)

EM: Blattränder von Einzelblättchen nach unten eingerollt und verdickt, chlorotisch bis hellgrün, teilweise mit rotvioletter Äderung, später braun werdend; Larven im eingerollten Blattrand, ca. 2 mm groß, türkisfarben (vgl. Abb. 52a), mit weißer Wachswolle; adulte Blattflöhe ab Juni mit 3 mm langen Vorderflügeln

VM: Blattrandrollung durch Gallmilben (*Phyllocoptes fraxini*): sehr enge, knorpelige Randrollung; Innenseite stark behaart; Virusinfektion (Abb. 123)

GM: an jungen Bäumen befallene Blätter entfernen

Abb. 121: Blattfleckung durch Eschengallmücke (*Dasineura fraxinea*)

EM: rundliche, bis 8 mm große Flecke, erst grüngelb und innen mit weißer Larve, später bräunlich mit teilweise herausfallendem, nekrotischen Blattgewebe; Larven oft vorzeitig absterbend durch Entwicklung schwach parasitischer, endophytischer Pilze (z. B. *Kabatiella apocrypta*)

VM: Blattfleckung durch Pilzinfektion, z. B. *Fusicladium fraxini*: olivbrauner Mycelrasen mit spindelförmigen, gelblichen, zweizelligen Konidien (ähnlich Tafel I/10)

GM: nicht erforderlich

Abb. 122: Blattdeformation durch Eschenblattnestlaus (*Prociphilus fraxini*)

EM: nestartig eingerollte Blätter (a), Triebstauche; unterseits Läuse mit geringer Wachsausscheidung (b); Wirtswechsel mit Tanne, dort schädlich als „Tannenwurzellaus“

VM: Virusinfektion (Abb. 123); Eschenzweiglaus (*Prociphilus bumeliae*): lockere Blattnester mit wachsausscheidenden Läusen

GM: an jungen Bäumen befallene Blätter entfernen

Abb. 123: Blattverfärbung und -deformation durch Virusinfektion (Kirschenblattrollvirus)

EM: chlorotische Fleckung und Linienmuster auf deformierten Blättern; auch Fadenblättrigkeit; Übertragung durch Samen oder Pollen; an zahlreichen Laubgehölzen; Virusnachweis durch spezialisierte Labore

VM: Saugschäden durch Eschenblattfloh (Abb. 120) oder Eschenblattnestlaus (Abb. 122); unsachgemäße Herbizidanwendung

GM: nicht möglich

Abb. 124: Minierfraß durch Raupen der Fliedermotte (*Gracillaria syringella*)

EM: olivgrüne, dann hellbraune, vertrocknende Platzminen (a); Blattspitze später tütenartig verformt; im Inneren der kotgefüllten Mine mehrere, 2 bis 6 mm lange, weißliche, durchsichtige Raupen mit grünlichem Darm (b, Mine geöffnet); Falter goldbraun

VM: Pilzinfektionen (Abb. 125)

GM: an jungen Bäumen befallene Blätter entfernen

Abb. 125: Blattfleckung durch Pilzinfektion (*Didymella* [*Phoma*] *macrostoma*)

EM: kastanienbraune, zackenartig geformte, scharf vom grünen Gewebe abgesetzte Flecke; blattoberseits dunkle Fruchtkörper mit elliptischen Konidien (ähnlich Tafel I/23)

VM: andere Pilzinfektionen, z. B. *Phyllosticta variegata*: Blattflecke diffus, am Rand mit weißlichen Mycelbüscheln

GM: nicht erforderlich

Abb. 126: Fraßschäden durch Eschenrüsselkäfer (*Stereonychus fraxini*)

EM: Fensterfraß blattunterseits (a, im Durchlicht) durch beinlose, gelbliche, 4 mm lange Larven mit schwarzem Kopf (b); Knospen- und Blattfraß durch braune Käfer

VM: Fraßschäden durch andere Käfer oder Schmetterlingsraupen

GM: nicht erforderlich

Abb. 127: Blütendeformation durch Eschengallmilbe (*Aceria fraxinivora*) „Eschenklunkern"

EM: männliche Blüten in blumenkohlartige Gebilde umgewandelt, oft mit verkrümmten und verbreiterten Blütenstielen, zunächst gelbgrün, später braun und hart, das ganze Jahr an den Bäumen hängen bleibend (im Winterhalbjahr besonders auffällig); Milben 0,18 mm lang; Überwinterung der adulten Milben in Rindenspalten; Befall im Frühjahr; mehrere Generationen im Sommer

VM: keine

GM: nicht erforderlich

Abb. 128: „Eschentriebsterben" durch Falsches Weißes Stängelbecherchen (*Hymenoscyphus fraxineus*)

EM: Triebe, Zweige und Äste von Bäumen aller Altersklassen sterben ab (a); Blätter welken und werden braun (b); Befall auch des Neuaustriebs mit Folgen einer Verbuschung; auf Rinde junger Bäume längliche, braune Nekrosen (c); Bildung der Hauptfruchtform auf den am Boden liegenden Blattspindeln; *Chalara fraxinea* als Konidienform (mit Funktion von Spermatien); seit ca. 2000 in Europa erstmals aufgetretener, aus Ostasien stammender, hochpathogener Krankheitserreger (LIT 32)

VM: *Hymenoscyphus albidus*: ähnliche, aber nicht pathogene, heimische Art ohne *Chalara*-Stadium; Rindenschildsymptom durch *Diplodia mutila*

GM: Beseitigung des Falllaubes; Entnahme befallener Jungeschen (die Hoffnung liegt auf der Resistenzzüchtung und dem Auffinden resistenter Individuen)

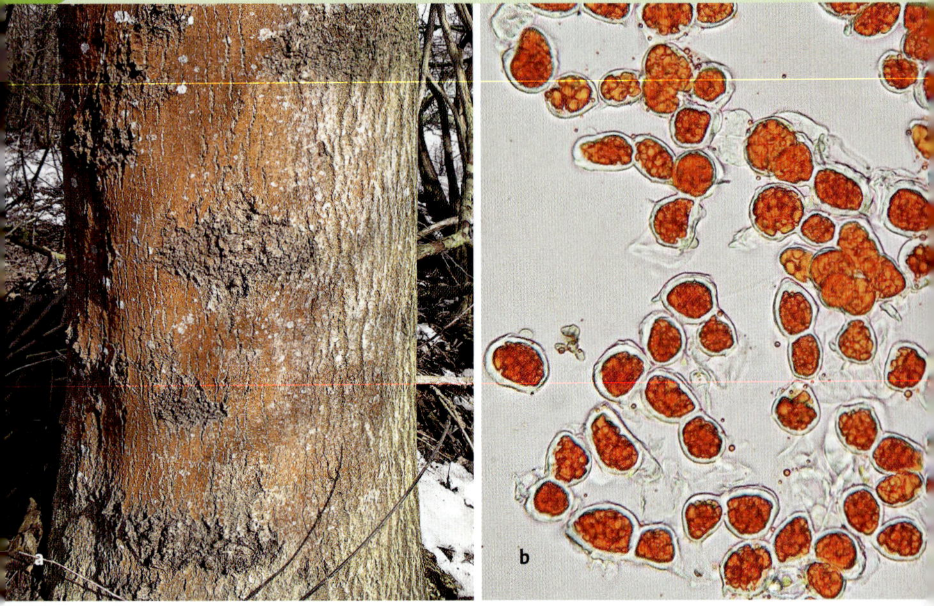

Abb. 129: Rindenfärbung durch epiphytische „Luftalge“ (*Trentepohlia umbrina*)

EM: auf Rinde rostroter Anflug (a) von Algenzellen (b); Rotfärbung durch ein eisenhaltiges Pigment (Hämatochrom); Vorkommen in Gebieten hoher Luftfeuchtigkeit; auf zahlreichen Laubgehölzen

VM: Rotalge (*Porphyridium purpureum*): blutrote Zellen in schleimigen Verbänden; seltener vorkommend; natürliche Rindenfärbung einiger Laubbäume

GM: nicht erforderlich

Abb. 130: Rindenüberzüge durch „Weißen Rindenpilz“ (*Athelia epiphylla*)

EM: handtellergroße, häufig zusammenfließende Flecke, bestehend aus filzigem Mycelgeflecht, bei Trockenheit rissig werdend; Pilz lebt parasitisch von Grünalgen und Flechten; als Epiphyt nicht schädigend für Gehölze; Vorkommen auf zahlreichen überwiegend glattrindigen Baumarten; morphologisch plastische Art (LIT 11)

VM: helle Krustenflechten

GM: nicht erforderlich

Abb. 131: Rinden- und Holzdeformation durch Pilzbefall (a) oder Bakterieninfektion (b), „Eschenkrebs"

EM: a) *Neonectria ditissima*: kraterähnliche, offene Krebswunden, umgeben von gleichmäßigen, jährlich neu angelegten Überwallungswülsten; am Rand von Krebswunden stecknadelkopfgroße, rote bis braunrote, kugelige Pilzfruchtkörper (ähnlich Abb. 17c), begleitet von weißen Sporenlagern der *Cylindrocarpon*-Nebenfruchtform; langjährige Rinden- und Holzerkrankung; auch an Pappel, Weide und Apfelbaum

b) *Pseudomonas syringae* subsp. *savastanoi* pv. *fraxini*: aufplatzende Rindenanschwellungen, später gekröseartige, unregelmäßige Wucherungen durch immer wieder gestörte Wundheilung; mehrjährige Erkrankung

VM: gekröseartige Rindenaufbrüche („Kägergrind"), durch Fraß von Eschenbastkäfern (z. B. *Hylesinus fraxini*, Abb. 135)

GM: evtl. erkrankte Äste oder Stämme entfernen

Abb. 132: Rissbildung nach Ästung und bakterieller Wundinfektion

EM: 1 bis 2 m lange Stammrisse (a) durch Spaltenbildung von innen nach außen (b); mehrjähriger Prozess; Bakterien als Wegbereiter; Infektion (hier) über Ästungswunden; nach außen getretene Risse werden periodisch überwallt
VM: Echter Frostriss (vgl. Abb. 362b)
GM: fachgerechte Ästung

Abb. 133: Schälschäden durch Wildkaninchen (*Oryctolagus cuniculus*)

EM: am Stamm jüngerer Bäume schrägverlaufende, etwa 5 mm breite, vierrillige Nagespuren, vor allem in schneereichen Wintern; Schäden auch durch Erdbauten
VM: Nageschäden durch Mäuse: Spuren kleiner
GM: Wildvergrämungsmittel; am Stammfuß Anbringung von Verbissschutz (Drahtgeflecht, Kunststoffspiralen oder Reisig)

Abb. 134: Weißfäule im Holz durch Schuppigen Porling (*Cerioporus* [*Polyporus*] *squamosus*)

EM: nierenförmige, blassgelbe oder ockerfarbene, bis zu 50 cm breite Fruchtkörper Hutoberseite braune Schuppen; auch auf anderen Laubgehölzen; Wundparasit; Weißfäuleerreger; nach jahrelanger Erkrankung Stamm innen oft hohl (b)

VM: Schwefelporling (*Laetiporus sulphureus*, vgl. Abb. 273a); Zottiger Schillerporling (*Inonotus hispidus*, vgl. Abb. 205a, b)

GM: Baumsanierung nicht möglich; bei jährlich wiederkehrender Fruchtkörperbildung Fällung wegen Stammbruchgefahr

Abb. 135: Brutbild des Bunten Eschenbastkäfers (*Hylesinus fraxini*) mit doppelarmigen Quergängen

EM: Muttergänge 6 bis 10 cm lang, 2 mm breit; relativ kurze Larvengänge; Reifungsfraß der Jungkäfer führt zu rosettenartigen Wucherungen („Eschenrosen“) der Rinde (LIT 18, 34); wichtiger Sekundärschädling an durch das „Eschentriebsterben“ geschwächten Eschen

VM: andere Eschenbastkäferarten

GM: Stress vermeiden, angepasste Bewässerung, Vitalität fördern

Gleditsia (Gleditschie, Lederhülsenbaum)

- **an Blättern, Knospen**
  - braune Blattflecke durch verschiedene Pilzarten, z. B. *Septoria gleditsiae*: unregelmäßig geformte, herausfallende Nekrosen, Pyknidien mit 3- bis 4-zelligen Konidien: ähnlich Tafel II/3; *Phyllosticta triacanthi* mit einzelligen Konidien: LIT 9
  - deformierte Fiederblättchen durch Gleditsiengallmücke (*Dasineura gleditsiae*): Abb. 136

- **an Ästen, am Stamm**
  - Rindennekrosen, Absterben von Ästen durch Rotpustelpilz (*Nectria cinnabarina*): vgl. Abb. 17
  - Weißfäule im Stammfuß durch Wulstigen Lackporling (*Ganoderma adspersum*): vgl. Abb. 111a

Abb. 136: Blattdeformation durch Gleditsiengallmücke (*Dasineura gleditsiae*)

EM: Fiederblättchen an der Spitze nach innen eingeschlagen, zu hülsenartigen, gelbgrünen bis purpurroten Gallen umgewandelt; im Innern der Galle anfangs cremeweiße, später orangegelbe, 2 bis 3 mm lange, beinlose Larven; mehrere Generationen im Jahr möglich; Verpuppung der Sommergeneration in der Galle; Überwinterung der Herbstlarven im Boden; Mücke dunkelgrau, 3 mm groß

VM: keine

GM: Rückschnitt befallener Triebe

Hedera (Efeu)

- **an Blättern, Trieben**
- – Blattvergilbung durch Eisenmangel: vgl. Abb. 239
- – hellbräunliche oder schwärzliche Blattflecke durch Bakterieninfektion (*Xanthomonas hortorum* pv. *hederae*): Abb. 137
- – braune, große Flecke durch Pilzinfektion, z. B. *Boeremia* [*Phoma*] *hedericola*: Abb. 138a, b oder *Colletotrichum trichellum*: Abb. 138c
- – Blattdeformation und Triebstauche durch Efeublattlaus (*Aphis hederae*): adulte Läuse schwarz
- – weißliche Fleckung an jungen Blättern durch Milben-Befall
- – silbrig weiße Sprenkelung, Blattdeformation durch Efeuspinnmilbe (*Bryobia kissophila*): Abb. 139
- – Saugschäden durch Schildläuse, z. B. *Lichtensia viburni*: Schilde gelbbraun, Eisäckchen weiß
- – warzige Erhebungen blattunterseits durch Efeugallmilbe (*Eriophyes* sp.): Abb. 140

- **an Wurzeln**
- – Wurzelfäule durch *Phytophthora drechsleri* oder *Pythium*-Arten
- – Fraßschäden durch Dickmaulrüssler (*Otiorhynchus*-Arten): vgl. Abb. 335b, 338

Abb. 137: Blattfleckung durch Bakterieninfektion (*Xanthomonas hortorum* pv. *hederae*)

EM: anfangs hellbraune, dann schwärzliche, rundliche Blattflecke mit gelblicher Übergangszone zum gesunden Gewebe; an Trieben aufplatzende Nekrosen („Efeukrebs“); Triebe sterben ab; Nachweis von Bakterien (Bakterienschleim) in befallenem Gewebe; Befallsförderung durch feucht-warmes Wetter

VM: Blattflecke durch Pilzinfektionen (Abb. 138): Differenzialdiagnose durch mikroskopische Untersuchung

GM: befallenes Material entfernen, nicht kompostieren

Abb. 138: Blattfleckung durch Infektion verschiedener Pilzarten

EM: a, b) *Boeremia* [*Phoma*] *hedericola*: 1 bis 2 cm große, anfangs dunkelbraune (b), im Winterhalbjahr heller werdende Flecke mit dunklem Rand (a); blattoberseits bräunliche Pyknidien; Konidien eiförmig (Tafel I/23); weitverbreitete, häufige Pilzerkrankung

c) *Colletotrichum trichellum*: Flecke braunschwarz; Pyknidien glänzend schwarz, mit dunklen Borsten; Konidien sichelförmig (Tafel I/2)

VM: *Septoria hedericola* (Konidien ähnlich Tafel II/3)

GM: befallene Blätter entfernen

Abb. 139: Silbrig weiße Blattsprenkelung durch Efeuspinnmilbe (*Bryobia kissophila*)

EM: junge Blätter deformiert, mit gelblichen Sauggrübchen; oberseits silbrig weiße Sprenkelung (a); bei starkem Befall olivgrüne Verfärbung; Milben rotbraun (b), ohne Spinnfäden

VM: andere Spinnmilben, z. B. *Tetranychus urticae*: mit Spinnfäden

GM: Abbrausen befallener Pflanzen; Wasserversorgung optimieren

Abb. 140: Pockenartige Gallen durch Efeugallmilbe (*Eriophyes* sp.)

EM: blattoberseits meist zahlreiche, hellbraune, dunkel umrandete Flecke; unterseits hellbraune, warzenartige Erhebungen; Milbenentwicklung im Inneren der Gallen; junge Milbenstadien weißlich, ältere orangefarben, keulenförmig, bis 0,25 mm lang

VM: keine

GM: nicht erforderlich

Ilex (Stechpalme, Stechhülse)

- **an Blättern, Trieben**
– gelbe Ringmuster auf Blättern durch Virusinfektion
– schwarzer, abwischbarer Belag (Rußtau), gefördert durch Honigtau von Schildläusen: vgl. Abb. 255
– Blattfleckung durch Pilzinfektion: LIT 9, 17
– grüne oder braunrötliche Blattminen mit Maden der Ilexminierfliege (*Phytomyza ilicis*): Abb. 142
– Triebstauche durch Ilexblattlaus (*Aphis ilicis*): Abb. 143
– schneeweiße Eisäckchen von Wolliger Eibenschildlaus (*Pulvinaria floccifera*): Abb. 141

- **an Blättern, am Stamm**
– Befall durch Rotpustelpilz (*Nectria cinnabarina*): vgl. Abb. 17

Abb. 141: Wollige Eibenschildlaus (*Pulvinaria floccifera*)

EM: schneeweiße, bis 5 mm lange, wattige Eisäckchen, an einem Ende mit einem bräunlichen Schild; ab Juni verschieden große, gelblich grüne, flache Larven (vgl. Abb. 339b); besaugte Blätter werden braun, sterben ab; durch Honigtaubildung oft Ansiedlung von Rußtaupilzen; wärmeliebende Art

VM: Schmierlaus-Befall (vgl. Abb. 155)

GM: entfernen befallener Blätter oder Triebe; Behandlung mit einem gegen saugende Insekten zugelassenen Insektizid

Abb. 142: Blattfleckung durch Larven der Ilexminierfliege (*Phytomyza ilicis*)

EM: blattoberseits grüne, gelbe oder rotbraune Mine (a); im Inneren eine 3 mm lange, überwinternde Made; im März Verpuppung in der Mine (b); neben der Mine punktförmige Blatteinstiche (a) zur Saftgewinnung
VM: keine
GM: Entfernen befallener Blätter

Abb. 143: Saugschäden durch Ilexblattlaus (*Aphis ilicis*)

EM: obere Blätter an jungen Trieben eingerollt, umgebogen; auf Trieben und Blattunterseite rötlich schwarze Läuse; besonders an Jungpflanzen und stark zurückgeschnittenen Büschen mit starker Blattneubildung (altes Laub zum Weiterleben der Läuse ungeeignet)
VM: keine
GM: nicht erforderlich

Juglans (Walnuss)

- **an Blättern, Knospen, Früchten**
  - Blattnekrosen durch starke Sonneneinstrahlung: Abb. 144
  - braune Flecke auf Blättern und Fruchtschalen durch Bakterieninfektion (*Xanthomonas arboricola* pv. *juglandis*): Abb. 147
  - blattoberseits gelbe, unterseits weißliche Flecke durch Pilzinfektion (*Pseudomicrostroma juglandis*): Abb. 149
  - braune Blattfleckung sowie Fruchtfäule durch Pilzinfektion (*Ophiognomonia leptostyla*, Syn. *Marssonina juglandis*): Abb. 145
  - Gallen durch Gallmilben (*Aceria-*, *Eriophyes*-Arten): Abb. 148
  - Saugschäden durch Blattläuse (verschiedene Arten): Abb. 150
  - Schalenfäule durch Walnussfruchtfliege (*Rhagoletis completa*): Abb. 146
- **an Ästen, am/im Stamm**
  - Absterben von Ästen; im Innern Fraßgänge mit Raupen des Blausiebs (*Zeuzera pyrina*): vgl. Abb. 174 oder des Weidenbohrers (*Cossus cossus*): vgl. Abb. 301a
  - Weißfäule in Stamm und Ästen durch Zottigen Schillerporling (*Inonotus hispidus*): vgl. Abb. 205a, b
  - Baumsterben durch Hallimasch-Befall: vgl. Abb. 187b, c

Abb. 144: Fleckenartige Blattverbräunung durch starke Sonneneinstrahlung, „Hitzeschäden“

EM: interkostal auftretende, verschieden große, gestreckte Flecke, die austrocknen und aufreißen; bei größeren Nekrosen auch Blattverkrümmung; Fehlen von Pilzstrukturen oder Bakterien; nur in heißen Sommern

VM: *Ophiognomonia leptostyla* (Abb. 145); *Xanthomonas arboricola* pv. *juglandis* (Abb. 147)

GM: als Witterungsschaden unvermeidbar

Abb. 145: Blattfleckung und Fruchtfäule durch *Ophiognomonia leptostyla*, Syn. *Marssonina juglandis*

EM: bis 8 mm große, braune Flecke, die zu größeren Nekrosen zusammenfließen; unterseits braune Fruchtkörper mit sichelförmigen Konidien (Tafel I/8); Befall auch der Frucht

VM: Bakterieninfektion (Abb. 147); Fruchtsymptom Walnussfruchtfliege (Abb. 146)

GM: Sortenwahl; Entfernen des Falllaubes

Abb. 146: Made der Walnussfruchtfliege (*Rhagoletis completa*) auf verschwärzter Frucht

EM: hellgelbliche Maden fressen im äußeren Fruchtfleisch, das sich schwarz verfärbt, schleimig, weich und klebrig wird; reife Maden wandern zur Verpuppung in den Boden ab; die Frucht bleibt genießbar

VM: Fruchtbefall durch Pilz- (Abb. 145) oder Bakterieninfektion (Abb. 147)

GM: Wahl weniger befallener Sorten; Absammeln befallener Früchte; Verhindern der Verpuppung im Boden sowie des Schlupfes der Imagines durch Auslegen von Folie oder feinmaschigem Gewebe unter den Bäumen; bei kleinen Bäumen Anbringen von Gelbtafeln zur Flugzeit

Abb. 147: Blattfleckung, Fruchtfäule durch Bakterieninfektion (*Xanthomonas arboricola* pv. *juglandis*), „Bakterieller Walnussbrand"

EM: beidseitig zahlreiche, verschieden große, punktförmige oder eckige, braune Flecke; Mittelader häufig schwarz; Blattverformung; Fruchtschale fleckig bis völlig schwarz
VM: *Ophiognomonia leptostyla* (Abb. 145), Fruchtsymptom: Walnussfruchtfliege (Abb. 146)
GM: Entfernung befallener Früchte und Blätter

Abb. 148: Blattgallen durch Gallmilben-Befall (*Aceria*-Arten)

EM: a) *Aceria tristriata*: Blattfläche mit zahlreichen, knötchenartigen, gelbroten, im Alter braunen Pusteln; b) *Aceria erineus*, „Walnussfilzgalle": Blattfläche mit wenigen, buckelartigen, 1 bis 2 cm großen, hellgrünen Blattwölbungen, meist nach oben (Bild rechts); blattunterseits in den Vertiefungen filzartige, gelbgrüne, später bräunliche Haarbildungen mit Milben
VM: Pilzinfektion (Abb. 149)
GM: nicht erforderlich

Abb. 149: Blattfleckung durch Pilzinfektion (*Pseudomicrostroma juglandis*)

EM: blattoberseits hellgrüne, durch Blattadern begrenzte, ungleichförmige Flecke (a); unterseits Flecke weiß, bestehend aus vielen weißen Sporenpusteln (b) mit kleinen, einzelligen Sporen; Flecke später braun
VM: Walnussfilzgalle (*Aceria erineus*): Abb. 148b
GM: nicht erforderlich

Abb. 150: Blattflecke, Blattdeformation durch Saugtätigkeit der Gestreiften Walnusszierlaus (*Callaphis juglandis*)

EM: kleine, braune Flecke auf Blattadern; Läusekolonien blattoberseits längs der Mittelrippe; Läuse 3 bis 4 mm lang, ockergelb mit braunen Querbändern; mit Ameisenbesuch
VM: Kleine Walnussblattlaus (*Chromaphis juglandicola*): blattunterseits Läuse kleiner, gelblich, Querbänder fehlen; ohne Ameisenbesuch
GM: nicht erforderlich

Juniperus (Wacholder)

- **an Nadeln, Trieben, Zweigen**

– Verbräunung von Nadeln und Triebspitzen durch Frost
– braune Verfärbung einzelner Nadeln durch Pilzinfektion (*Didymascella tetraspora*): vgl. Abb. 353
– verfärbte Nadeln mit schwarzen, elliptischen Fruchtkörpern von *Lophodermium juniperinum*: saprobisch auf abgestorbenem Gewebe
– auf abgestorbenen oder vorgeschädigten Trieben schwarze, rundliche Pilzfruchtkörper von *Kabatina juniperi*: Abb. 152
– Absterben von Zweigen durch Pilzinfektion (*Diaporthe* [*Phomopsis*] *juniperivora*): Abb. 151
– spindelförmige Anschwellungen an Zweigen durch Rostpilzinfektion, „Wacholderrost“ (*Gymnosporangium*-Arten): Abb. 156
– auf unterdrückten, bräunlich verfärbten Zweigen scheibenförmige, orangegelbe Pilzfruchtkörper von *Pithya cupressina*: LIT 17
– graubräunliche Nadelverfärbung sowie feine Gespinste durch Nadelholzspinnmilbe (*Oligonychus ununguis*): vgl. Abb. 184
– Nadelverfärbung durch Saugen der Wacholderdeckelschildlaus (*Carulaspis juniperi*): Abb. 154
– Saugschäden duch Schmierlaus (*Pseudococcus calceolariae*): Abb. 155
– Saugschäden an jungen Trieben und Nadeln durch Wacholderrindenlaus (*Cinara juniperi*): Läuse oliv- oder hellbraun; starke Honigtaubildung: vgl. Abb. 3
– Nadelverfärbung und Absterben ausgehöhlter Triebspitzen durch Räupchen der Wacholderminiermotte (*Argyresthia trifasciata*): Abb. 153
– Triebsterben durch Fraß von Dickmaulrüsslern (*Otiorhynchus*-Arten): vgl. Abb. 335, 338 oder Wicklerraupe (*Batodes angustioranus*): vgl. Abb. 80

- **am Stamm**

– längsverlaufende, aufklaffende Rindenrisse an sonnenexponierter Seite durch Frosteinwirkung: vgl. Abb. 78
– Absterben von Stamm und Ästen durch Wacholdersplintkäfer (*Phloeosinus thujae*): Einbohrloch in der Rinde mit Bohrmehlauswurf; unter der Rinde zweiarmige Fraßgänge; Käfer braunschwarz, 1,5 bis 2,4 mm lang; auch an anderen Zypressengewächsen, vgl. Abb. 350

- **an Stammbasis, Wurzeln**

– Wurzelfäule mit Absterben von Jungpflanzen durch Infektionen mit *Phytophthora*-Arten: LIT 38

Abb. 151: Zweigsterben durch Pilzinfektion (*Diaporthe* [*Phomopsis*] *juniperivora*)

EM: Absterben einzelner Äste mit fahlgrüner, dann brauner Benadelung; Fruchtkörper an der Basis abgestorbener Äste; Konidien spindelförmig mit zwei Öltropfen (Tafel III/13)
VM: Zweigsterben durch Wacholderrost (Abb. 156); Miniermotten-Befall (Abb. 153); Käfer-Befall, z. B. *Phloeosinus*-Arten (vgl. Abb. 350) oder *Palmar festiva* (vgl. Abb. 351)
GM: Ausschneiden befallener Äste

Abb. 152: Triebverbräunung mit Pilzbesatz (*Kabatina juniperi*)

EM: auf Rinde und abgestorbenen Schuppenblättchen schwarze, rundliche, kleine Pilzfruchtkörper mit einzelligen Konidien; selten primär auftretend, meist sekundär nach Vorschädigung, z. B. durch Wacholderminiermotte (Abb. 153) oder mechanische Verletzung am Trieb; Pilz häufig schon vorher als Endophyt symptomlos im grünen Trieb vorhanden
VM: andere Pilzarten, z. B. *Diaporthe* [*Phomopsis*] *juniperivora* (Abb. 151), *Pestalotiopsis funerea* (vgl. Abb. 320)
GM: nicht erforderlich bzw. Bekämpfung der wegbereitenden Miniermotte

Abb. 153: Triebsterben durch Wacholderminiermotte (*Argyresthia trifasciata*)

EM: Triebspitzen werden braun (a); im Inneren grüne, bis 5 mm lange Raupe (b, Pfeil); Triebe ausgehöhlt, mit bräunlichen Kotkörnchen (c, Trieb angeschnitten); Ausflugsloch an der Basis abgestorbener Triebe; Motte mit 7 bis 10 mm Flügelspannweite, Vorderflügel goldbraun, mit silbrig weißen Querbinden; meist gemeinsam mit *Kabatina juniperi* auftretend

VM: *Argyresthia dilectella*: Raupe grüngelb, Motte violettweiß

GM: Ausschneiden befallener Triebe

Abb. 154: Saugschäden durch Wacholderdeckelschildlaus (*Carulaspis juniperi*)

EM: Vergilbung und Verbräunung von Trieben und Nadeln (a); auf den Nadeln verschieden geformte, weiße Schilde: Weibchen rundlich, mit gelblichem Mittelfleck (b), Männchen länglich

VM: *Diaporthe* [*Phomopsis*] *juniperivora* (Abb. 151); Miniermotte (Abb. 153)

GM: stark befallene Zweige entfernen; bei Befallsbeginn Behandlung mit einem gegen Schildläuse zugelassenen Insektizid

Abb. 155: Saugschäden durch Schmierlaus-Befall (*Pseudococcus calceolariae*)

EM: in Kolonien lebende, 3 bis 4 mm große, mobile Schmierläuse; Körper mehlig bepudert; befallene Triebe und Nadeln werden unansehnlich, können verkümmern; Rußtaubelag wegen Honigtau-Ausscheidungen; auch auf Forsythie und Johannisbeere

VM: Wacholderdeckelschildlaus: weißer Sekretbelag fehlt (Abb. 154)

GM: Ausschneiden befallener Triebe

Abb. 156: Zweigsterben durch Pilzinfektion (*Gymnosporangium sabinae*), „Wacholderrost"

EM: nach mehrjähriger, symptomarmer Erkrankung Vergilben und Braunwerden von Ästen oder Zweigen (a); im Frühjahr an spindelförmig angeschwollenen Zweigen (c) ca. 1 cm lange, zapfenförmige Teleutolager, bei Feuchtigkeit gallertartig aufquellend (b); im Frühjahr Übergang des Pilzes auf Birne (Abb. 238); Pilz perenniert in der Rinde von Wacholder

VM: *Gymnosporangium clavariiforme*: auf *Juniperus communis*: Teleutosporen lang gestreckt; Wirtswechsel mit Weißdorn (LIT 25)

GM: Ausschneiden befallener Äste; räumliche Trennung (> 400 m) von Wacholder und Birne

Laburnum (Goldregen)

- **an Blättern**
- gelbgrüne Verfärbung durch Magnesiummangel: Abb. 157
- mosaikartige Fleckung durch Virusinfektion: Abb. 158
- Blattkräuselung durch Goldregenblattlaus (*Aphis laburni*)
- Gelbfleckung sowie Blattwölbung durch Spinnmilben
- Minierfraß durch Goldregenminiermotte (*Leucoptera laburnella*)
- gangförmige Blattmine mit Maden der Goldregenminierfliege (*Agromyza demeijerei*)

Abb. 157: Interkostale Blattvergilbung durch Magnesiummangel

EM: gelbgrüne Verfärbung der Interkostalfelder, später fleckige Verbräunung; Blattadern mit breitem, grünem Saum
VM: Eisen-/Manganmangel; Saugschäden durch Spinnmilben, Virusinfektion (Abb. 158)
GM: gezielte Düngung

Abb. 158: Blattscheckung und Blattverfärbung durch Goldregenmosaikvirus

EM: mosaikartige, gelbliche bis hellgrüne Strichelung auf dunkelgrünem Grund
VM: sortenbedingte Buntblättrigkeit; Magnesiummangel (Abb. 157)
GM: nicht möglich

Ligustrum (Liguster)

- **an Blättern Trieben**
- – Gelbfleckigkeit der Blätter durch Virusinfektion Abb. 159
- – weißlicher Belag durch Echten Mehltaupilz (*Erysiphe syringae*): Abb. 163
- – Blattfleckung durch Pilzinfektion (*Thedgonia* [*Cercospora*] *ligustrina* und andere Pilzarten): Abb. 161
- – eingerollte Blattränder, Blattbräune durch Ligusterblattlaus (*Myzus ligustri*): Abb. 162
- – Buchtenfraß durch Dickmaulrüssler (*Otiorhynchus*-Arten): Abb. 160a
- – lochförmige Nagespuren durch Mauerassel (*Oniscus asellus*): Abb. 160b, c
- – Minierfraß durch Raupen der Fliedermotte (*Gracillaria syringella*): vgl. Abb. 334
- – Blattfraß durch Schmetterlingsraupen, z. B. Ligusterschwärmer (*Sphinx ligustri*): bis 12 cm lange, hellgrüne, weißgestreifte Raupe mit schwarzem Horn

- **an Stammbasis, Wurzeln**
- – an Stammbasis dunkelbraune, bald verholzende Wucherungen durch Bakterieninfektion (*Rhizobium radiobacter*, Syn. *Agrobacterium tumefaciens*)

Abb. 159: Gelbfleckigkeit durch Virusinfektion

EM: flecken- oder ringartige Gelbfärbung meist mehrere Blätter einzelner Triebe; Übertragung des Erregers durch Blattläuse; Diagnose durch Fachleute
VM: sortenbedingte Buntblättrigkeit; unsachgemäße Herbizidanwendung
GM: nicht möglich

Abb. 160: Fraßspuren an Blättern durch a) Dickmaulrüssler (*Otiorhynchus*-Arten) und b, c) Mauerassel (*Oniscus asellus*)

EM: a) Buchtenfraß durch 5 bis 6 mm große, dunkle nachtaktive Käfer (vgl. Abb. 335); Lochfraß (c) durch 10 mm große, nachtaktive Mauerassel (b) oder Rollassel (*Armandillidium* spp.)

VM: a) *Otiorhynchus*-Arten untereinander

GM: a) Tiere frühmorgens oder spätabends absammeln; Einsatz insektenpathogener Nematoden gegen die bodenlebenden Larven

Abb. 161: Blattfleckung durch Pilzinfektion (*Thedgonia* [*Cercospora*] *ligustrina*)

EM: Flecke beidseitig, rundlich, hellbräunlich mit dunkelbraunem Rand; Blattfall; Sporenrasen blattunterseits, hellbraun, mit langen, zylindrischen Konidien (Tafel II/4)

VM: *Ascochyta ligustri*: Konidien farblos, zweizellig (Tafel I/20); *Ramularia ligustrina*: Konidien in Ketten

GM: bei Befallsbeginn Behandlung mit einem Fungizid gegen pilzliche Blattfleckenerreger

Abb. 162: Blattschäden durch Ligusterblattlaus (*Myzus ligustri*)

EM: gelblich verfärbte, eingerollte, verdrehte Blätter (a) mit gelbgrünen Läusen; bei starkem Befall Absterben der Blätter bis Triebsterben (b); an häufig geschnittenen Hecken

VM: Virusbefall

GM: bei starkem, wiederholten Befall Behandlung mit einem gegen Blattläuse zugelassenen Insektizid

Abb. 163: Blattfleckung durch Echten Mehltaupilz (*Erysiphe syringae*)

EM: ab Sommer unregelmäßige, weißliche Blattflecke oder Überzüge auf Blättern und Früchten; zunächst zahlreiche, stiftförmige Konidienträger mit einzeln abgeschnürten, tönnchenförmigen Konidien (vgl. Abb. 171b); später schwarze, kugelige Kleistothecien (LIT 10)

VM: keine

GM: nicht erforderlich; bei stärkerem, wiederkehrenden Befall Behandlung mit einem gegen Echte Mehltaupilze zugelassenen Fungizid

Lonicera (Geißblatt, Heckenkirsche)

- **an Blättern, Knospen**
- Braunfärbung der Blätter durch Frosteinwirkung (besonders *L. nitida*)
- Gelbfärbung der Blattadern bei *L. nitida* durch Gelbnetzvirus
- Blätter verfärbt; blattunterseits krustenartig weißer Belag durch *Insolibasidium* [*Herpobasidium*] *deformans*, „Kalkfleckenkrankheit“: Abb. 164
- Blattfleckung durch Pilzinfektionen, z. B. *Ascochyta grandispora*: zahlreiche, schwarzbraune Flecke, Konidien zweizellig (Tafel I/9); *Kabatia periclymeni*: Konidien einzellig (Tafel II/10)
- Blätter gekräuselt; blattunterseits Larven der Wolligen Geißblattlaus (*Prociphilus* [*Stagona*] *xylostei*): Abb. 165
- weißliche Gangminen durch verschiedene Minierer: Abb. 166

- **an Trieben, Ästen**
- Deformation von Triebspitzen, Blättern und Blüten durch Blattlausbefall (*Hyadaphis foeniculi*): Läuse blaugrün, ohne Wachsausscheidung

Abb. 164: Blattschäden durch Pilzinfektion (*Insolibasidium* [*Herpobasidium*] *deformans*), hier an Immergrüner Strauch-Heckenkirsche

EM: Blätter werden fleckenartig graugrün bis rostfarben, schließlich ganz braun, fallen ab; bei hoher Luftfeuchtigkeit kalkartiger, sporenbildender Mycelbelag blattunterseits; Blattränder bei einigen Arten nach unten umgebogen, deformiert (z. B. bei *Lonicera tartarica*)
VM: *Hyadaphis foeniculi*
GM: befallene Triebe ausschneiden

Abb. 165: Blatt- und Triebschädigung durch Wollige Geißblattlaus (*Prociphilus* [*Stagona*] *xylostei*) an Roter Heckenkirsche

EM: an Trieben und Blättern starke Ausscheidung weißer Wachswolle (a) durch gelbliche Läuse; Blätter kräuseln sich, sterben ab, Larvenhüllen bleiben zurück (b); Übergang geflügelter Läuse auf Fichte (Wurzelbefall)
VM: *Hyadaphis foeniculi*
GM: befallene Triebe entfernen

Abb. 166: Gangminen von zwei Larven einer Minierfliege (*Aulagromyza* sp.)

EM: je nach Art der Minierer (Larven von Minierfliegen, Miniermotten, Rüsselkäfern) unterschiedlich gestaltete Gang- oder Platzminen im Blatt, hell gefärbt durch Leerfressen des Blattgewebes zwischen Blattober- und -unterseite; häufig zu beobachten, Schadpotenzial vernachlässigbar
VM: wechselseitig unter den Minierern
GM: nicht erforderlich

Magnolia (Magnolie)

- **an Blättern, Knospen, Blüten**
- – Welke und Verbräunung der Blüten durch Spätfrost: Abb. 167
- – zahlreiche, schwarze Blattflecke durch Bakterieninfektion (*Pseudomonas syringae*)
- – weiße Blattüberzüge, Blattdeformation durch Echten Mehltaupilz (*Erysiphe magnifica*): Abb. 168
- – Blattfleckung durch Pilzinfektion (*Ascochyta magnoliae*: grauweiße, herausfallende Flecke, Konidien elliptisch, zweizellig; *Phyllosticta* sp.: rundliche Flecke, Konidien einzellig)
- – Knospen- und Blütenfäule durch Grauschimmel (*Botrytis cinerea*)

Abb. 167: Blütenschäden durch Spätfrost

EM: Welken von Blütenblattspitzen oder schlaffes Herabhängen von Blütenblättern; nachfolgend Verbräunung

VM: Grauschimmelinfektion

GM: Verwendung frostharter Sorten; Wahl frostsicherer Standorte

Abb. 168: Blattfleckung und -deformation durch Echten Mehltaupilz (*Erysiphe magnifica*)

EM: Symptome stark sortenabhängig: bei empfindlichen Sorten mit starker Abwehrreaktion Deformation der jüngsten Blätter (a) sowie graubraune bis schwärzliche Fleckung (b); Mycel überwiegend blattunterseits, hier nur mikroskopisch nachweisbar; bei toleranten Sorten beidseitig ausgedehnte, weißliche Mycelüberzüge (c), Blattverformung geringer

VM: a,b: Saugschäden durch Blattläuse oder Milben

GM: bei jährlich wiederholtem Auftreten Fungizidbehandlung im Frühjahr

Mahonia (Mahonie)

- **an Blättern**

– gelbliche Ringfleckung durch Virusinfektion
– weißliche Fleckung durch Echten Mehltaupilz (*Erysiphe berberidis*): Abb. 169
– bräunliche Blattflecke durch verschiedene Pilzarten (*Phomopsis mahoniae, Colletotrichum gloeosporioides, Microsphaeropsis olivacea*): LIT 9
– rötliche Fleckung durch Mahonienrost (*Cumminsiella* [*Puccinia*] *mirabilissima*): Abb. 170
– Blattfleckung und -deformation durch Gelbe Berberitzenblattlaus (*Liosomaphis berberidis*): Läuse blattunterseits, gelbgrün oder orange

- **an Stämmchen**

– Pilzentwicklung in absterbender Rinde (*Diaporthe detrusa*): Perithecien schwarz, Ascosporen zweizellig; Schwächeparasit

Abb. 169: Weißliche Fleckung durch Echten Mehltaupilz (*Erysiphe berberidis*)

EM: bei Frühbefall Verkümmern und Deformation junger Blätter; später an älteren Blättern grauweiße Flecke oder Überzüge überwiegend blattoberseits; Mycel anfangs mit Konidien (vgl. Abb. 171b), später Bildung kugeliger, dunkler Kleistothecien mit langen, verzweigten Anhängseln; befallene Blätter oft rötlich verfärbt

VM: *Phyllactinia guttata:* Kleistothecien blattunterseits, Anhängsel mit basaler Anschwellung (LIT 10)

GM: nicht erforderlich; bei jährlich wiederholtem Befall Behandlung mit einem gegen Echte Mehltaupilze zugelassenen Fungizid

Abb. 170: Blattfleckung durch „Mahonienrost“ (*Cumminsiella* [*Puccinia*] *mirabilissima*)

EM: auf deformierten, jungen Blättern blattunterseits gelbe Sporenlager (Aecidien, b); später zimtbraune Sporenlager (c) mit Uredosporen; blattoberseits leuchtend rote Flecke (a); im Herbst kastanienbraune Sporenlager mit Teleutosporen; kein Wirtswechsel

VM: *Puccinia graminis*: hier Wirtswechsel mit Gräsern

GM: bei starkem Befall Rückschnitt

Malus (Apfelbaum)

- **an Blättern, Knospen, Blüten**
- – Mosaikfleckung durch Virusinfektion (Apfelmosaikvirus)
- – weißlicher, mehlartiger Überzug auf deformierten Blättern, „Apfelmehltau“ (*Podosphaera leucotricha*): Abb. 171
- – Blattflecke mit olivgrünen Konidienrasen, „Apfelschorf“ (*Venturia inaequalis*): Abb. 172
- – orangegelbe Flecke blattoberseits durch Rostpilze (*Gymnosporangium*-Arten): LIT 25
- – bronzefarbene Blattverfärbung durch Obstbaumspinnmilbe ohne Gespinste, „Rote Spinne“ (*Panonychus ulmi*) oder Braune Spinnmilbe (*Bryobia rubrioculus*)
- – Blattrandrollung durch Gallmilben (*Eriophyes*-Arten)
- – Blattfleckung und Gallenbildung durch Apfelpockenmilbe (*Eriophyes mali*): Befall vgl. Abb. 237
- – rundliche, braune Blattminen durch Fleckenminiermotte (*Leucoptera scitella*)
- – schlangenförmige Minengänge durch Obstbaumminiermotte (*Lyonetia clerkella*): vgl. Abb. 220

- **an Trieben**
- – Triebsterben durch Bakterieninfektion, „Feuerbrand“ (*Erwinia amylovora*)
- – Triebsterben durch *Monilinia*-Infektion, „Monilia-Triebspitzendürre“: Absterben bis 30 cm langer Triebe, Blätter verbräunen; vgl. Abb. 228
- – feine Gespinste mit grünlichen Raupen der Apfelbaumgespinstmotte (*Yponomeuta malinellus*)
- – Triebwelke durch Blausieb-Befall (*Zeuzera pyrina*): Abb. 174

- **an Ästen, am Stamm, im Holz**
- – Saugschäden mit weißer Wachswolle durch Blutlaus-Befall (*Eriosoma lanigerum*): Abb. 175
- – Schwarzfärbung der Rinde, Absterben von Ästen durch Infektion mit *Diplodia* sp., „Schwarzer Rindenbrand“: Abb. 173
- – wulstig berandete, verdickte Krebswunden durch Pilzinfektion, „Obstbaumkrebs“ (*Neonectria ditissima*): vgl. Abb. 131a
- – am Stamm konsolenförmige Fruchtkörper von Zottigem Schillerporling (*Inonotus hispidus*): Abb. 205a, b oder Schwefelporling (*Laetiporus sulphureus*): Abb. 273a
- – in Stamm und Ästen vertikale Fraßgänge mit gelblichen Raupen des Blausiebs (*Zeuzera pyrina*): Abb. 174

- **an Stammbasis, Wurzeln**
- – Rindenfäule an Stammbasis und Wurzeln, „Kragenfäule“, Absterben des Baumes durch Infektion mit *Phytophthora cactorum*: vgl. Abb. 328
- – an Stammbasis büschelig wachsende Fruchtkörper des Sparrigen Schüpplings (*Pholiota squarrosa*): LIT 14 oder des Hallimaschs (*Armillaria*-Arten): vgl. Abb. 187

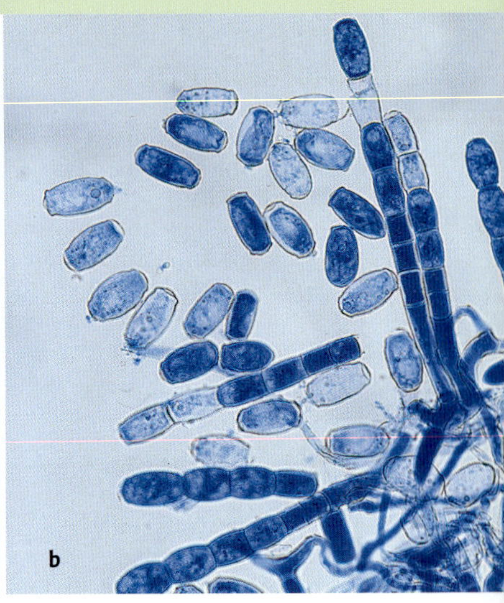

Abb. 171: Weißer Blattüberzug durch „Apfelmehltau" (*Podosphaera leucotricha*)

EM: am Neuaustrieb verkleinerte, deformierte Blätter mit dichtem Mycel- und Sporenbelag (a); Konidien tönnchenförmig, kettenförmig (b, Anilinblaufärbung); Kleistothecien selten gebildet

VM: *Phyllactinia mali* (LIT 25)

GM: bei wiederholtem Befall rechtzeitige Anwendung von Fungiziden gegen Echte Mehltaupilze

Abb. 172: Blütenwelke, Blattfleckung, Fruchtschäden durch Pilzinfektion (*Venturia inaequalis*), „Apfelschorf"

EM: Welke und Verbräunung von Blüten; an Laubblättern beidseitig zunächst oliv schwarze, unscharf begrenzte Flecke; später dort olivgrüne Rasen mit Konidien (Tafel I/10) der Nebenfruchtform (*Fusicladium pomi*); befallene Blätter können absterben; Hauptfruchtform im Frühjahr auf abgefallenen Blättern. Bedeutende Krankheit im Apfelbau!

VM: andere Blattpilze (LIT 9)

GM: Falllaub entfernen; bei wiederholtem Befall Anwendung von Fungiziden gegen Schorf; resistente Sorten verwenden (LIT 6)

Abb. 173: Schwarze Verfärbung der Rinde (a, b), darin Fruchtkörper von *Diplodia* sp. (c)

EM: Schwarzverfärbung, leichtes Einsinken, später Aufreißen und Ablösen der Rinde (a), in der Rinde Entwicklung der *Diplodia*-Fruchtkörper (b); oft ausgehend von Rindenrissen oder Verletzungen (c); in der Folge Absterben von Ästen oder des Baums, „Schwarzer Rindenbrand"; insbesondere nach Stressphasen (Hitze, Trockenheit), an extensiv gepflegten Bäumen (Streuobstwiesen, Kleingarten), an flachgründigen, trockenen, warmen Standorten; auch an Birne

VM: andere Schwärzepilze

GM: Wahl weniger anfälliger Sorten; ausreichende Wasserversorgung; sorgfältiges Ausschneiden der Befallsstellen oder Entnahme erkrankter Äste und Bäume

Abb. 174: Fraßschäden durch Raupen des Blausiebs (*Zeuzera pyrina*)

EM: Welken von Trieben, Absterben von Ästen; Fraßgänge im Holz; Raupe bis 5 cm lang, gelblich, mit schwarzen Punktwarzen (a); Flügel der Falter mit schwarzen, blauschillernden Flecken (b)

VM: Fraßbild und Raupen von Weidenbohrer (vgl. Abb. 301) oder Asiatischem Laubholzbockkäfer (vgl. Abb. 23)

GM: an Jungbäumen befallene Äste entfernen; bei Stammbefall Bäume roden

Abb. 175: Saugschäden durch Blutlaus (*Eriosoma lanigerum*), „Blutlauskrebs“

EM: auf Trieben und Ästen nesterartige Kolonien rotbrauner Läuse, bedeckt mit weißer, watteartiger Wachswolle; Besaugen führt zu tumorartigen Rindenwucherungen (vgl. Abb. 236); Überwinterung der Läuse in Rindenritzen und im Boden. Befall weiterer Gehölze aus der Kernobstverwandtschaft möglich!

VM: Schildläuse: Wachswolle fehlt

GM: Wahl weniger anfälliger Sorten; Anlegen von Leimringen (gegen aufsteigende Läuse); Schonung der Blutlauszehrwespe (*Aphelinus mali*): Anwendung nützlingsschonender Pflanzenschutzmittel

Photinia (Glanzmispel)

- **an Blättern, Trieben**
- partielle oder vollständige Verbräunung von Blättern nach Frosteinwirkung: vgl. Abb. 214
- häufig zusamenfließende, rötliche Flecke, Anthocyanflecke, vor allem im Winterhalbjahr: Abb. 176
- einzelne, bräunliche Flecke durch Pilzinfektion (*Diplodina* [*Ascochyta*] *idaei*: Konidien zweizellig, ähnlich Tafel I/16; *Phyllosticta photiniae*: Konidien einzellig, ähnlich Tafel I/18)
- Buchtenfraß an Blättern durch Dickmaulrüssler: vgl. Abb. 335

Abb. 176: Rötliche Blattflecke (Anthocyanflecke) unbekannter Ursache

EM: meist zahlreiche, rundliche, häufig zusammenfließende Flecke, vor allem im Winterhalbjahr; sortenabhängig

VM: durch Pilze verursachte Blattflecke (LIT 9)

GM: Wahl weniger rötender Sorten

Picea (Fichte)

- **an Nadeln, Knospen**
- – Sitzenbleiben der Terminalknospe durch Frühfrost: LIT 18
- – Verbräunung der jüngsten Nadeln, Absterben von Zweigen und Ästen durch Trockenheit: Abb. 178
- – Knospensterben an Stech-Fichte durch Pilzinfektion (*Cucurbitaria* [*Gemmamyces*] *piceae*): Abb. 186
- – Nadelverfärbung und -verluste durch physiologische Alterung: vgl. Abb. 336
- – Nadelbräune durch Chloridvergiftung: Abb. 179
- – Nadelvergilbung durch Eisen-/Manganmangel: Abb. 180
- – Vergilbung durch Fichtennadelrost (*Chrysomyxa abietis*): LIT 18, 25
- – Nadelverfärbungen durch andere Pilzinfektionen (*Lirula macrospora, Rhizosphaera kalkhoffii, Sphaeropsis parca*): LIT 18
- – chlorotische Nadelfleckung und Nadelverluste durch Fichtenröhrenlaus, „Sitkalaus“ (*Elatobium abietinum*): Abb. 183
- – ockerbraune Nadelfleckung durch Nadelholzspinnmilbe (*Oligonychus ununguis*): Abb. 184
- – Nadelgespinste mit braunen Kotkrümeln durch Larven der Fichtengespinstblattwespe (*Cephalcia abietis*): LIT 18
- – zusammengesponnene Nadeln durch Fichtennestwickler (*Epinotia tedella*): LIT 18
- – Kronenverlichtung durch Nadelfraß der Nonne (*Lymantria monacha*): LIT 18

- **an Trieben**
- – Welke und Absterben der Maitriebe durch Spätfrost: Abb. 177
- – am Boden liegende Triebspitzen (Abbisse) durch Eichhörnchen (*Sciurus vulgaris*)
- – Welke und Absterben von Trieben durch Grauschimmel (*Botrytis cinerea*): LIT 18
- – Saugschäden durch Fichtenrindenläuse (*Cinara piceae, C. pilicornis*): LIT 31
- – Gallenbildung durch Fichtengallenläuse (*Adelges*-Arten): Abb. 185
- – Saugschäden durch Große Fichtenquirlschildlaus (*Physokermes piceae*): an Trieben 5 bis 7 mm große, gelblich braune Brutblasen

- **an Ästen, am Stamm, im Holz**
- – Bohrlöcher in der Rinde, Vertrocknen und Absterben von Ästen und Bäumen durch Borkenkäfer-Befall: Abb. 182
- – auf der Rinde Kolonien der Großen Schwarzen Fichtenrindenlaus (*Cinara piceae*): vgl. Abb. 3
- – Stammfäule durch Infektion mit holzzersetzenden Pilzen, z. B. Rotrandiger Baumschwamm (*Fomitopsis pinicola*): LIT 14

- **an Stammbasis, Wurzeln**
- – Baumsterben durch Hallimasch (*Armillaria*-Arten): Abb. 187

Abb. 177: Welke und Absterben von Maitrieben nach Spätfrost an Zuckerhutfichte

EM: zahlreiche, anfangs gelblich grüne, dann bräunliche, schlaff herabhängende Triebe nach tiefen Temperaturen im Mai
VM: *Botrytis*-Befall: mausgrauer Sporenrasen; Nadelholzspinnmilbe (Abb. 184)
GM: Bevorzugung frostharter Sorten

Abb. 178: Trockenheitsbedingte Verbräunung der Nadelspitzen

EM: rotbraune Verfärbung der Nadeln, gleichmäßige Braunfärbung der äußeren Krone; nachfolgend an geschwächten Pflanzen Befall durch Borkenkäfer
VM: vielfältige abiotische und biotische Ursachen (z. B. Auftaumittel, Nadelpilze, Borkenkäfer)
GM: auf ausreichende Wasserversorgung achten, versiegelten Wurzelraum öffnen, konkurrierende Gehölze beseitigen

Abb. 179: Nadelverfärbung durch Chloridvergiftung, „Omorikasterben“

EM: erst chlorotische Fleckung, dann Verbräunung der Nadeln mit nachfolgender Nadelschütte
VM: Frosttrocknisschäden (LIT 18)
GM: Verwendung chloridfreier Dünger oder chloridarmer Auftaumittel

Abb. 180: Nadelvergilbung durch Eisen-/Manganmangel, „Kalkchlorose“

EM: jüngster Nadeljahrgang hellgelb, ältere Nadeln meist grün; auf Kalkböden, bevorzugt an Südhängen; chemische Nadelanalyse
VM: Magnesiummangel (Abb. 181); Hallimasch-Befall (Abb. 187); unsachgemäße Herbizidanwendung
GM: bedarfsgerechte Düngung

Abb. 181: Nadelvergilbung durch Magnesiummangel

EM: zunächst Nadelspitzen älterer Nadeljahrgänge gelb, bei mangelnder Verfügbarkeit von Magnesium im Boden; chemische Nadelanalyse (LIT 18)
VM: anderer Nährstoffmangel, z. B. Stickstoffmangel oder Eisen-/Manganmangel (Abb. 180)
GM: bedarfsgerechte Düngung

Abb. 182: Brutbilder (a) und Imagines (b) von Buchdrucker (*Ips typographus*; jeweils oben) und Kupferstecher (*Pityogenes chalcographus*, jeweils unten)

EM: ab Frühsommer im Zusammenhang mit Borkenkäfer-Befall rotbraune Verfärbung der Wipfel und Spechtabschläge im Stammbereich; Befall durch Buchdrucker vornehmlich in dickborkigen Rindenbereichen mit typischem dreiarmigem „Stimmgabel"-Brutbild; Befall durch Kupferstecher vornehmlich im Wipfelbereich und dünnborkigen Rindenbereichen; Überlappung beider Brutanlagenbereiche bei starkem oder fortgeschrittenem Befallsstadium möglich

VM: Befall durch andere Borkenkäfer, Prachtkäfer oder Bockkäfer (LIT 34)

GM: Stress vermeiden, angepasste Bewässerung, Vitalität fördern

Abb. 183: Nadelschäden durch Grüne Fichtenröhrenlaus (*Elatobium abietinum*), „Sitkalaus“

EM: gelbliche Nadelfleckung; später Verbräunung (a) und Nadelfall; Läuse gelbgrün (b); besonders nach milden Wintern und längerer Trockenzeit im Sommer; bevorzugt an Blau- und Sitka-Fichte

GM: Behandlung im März mit einem gegen Blattläuse zugelassenen Insektizid

Abb. 184: Saugschäden durch Nadelholzspinnmilbe (*Oligonychus ununguis*)

EM: anfangs gelbliche Fleckung am jüngsten Nadeljahrgang; Verbräunen und Abfallen der Nadeln; nachfolgend Triebsterben; bei vitalen Bäumen Wiederaustrieb der Endknospe; im Winterhalbjahr weiße Häutungsreste und orangefarbene Wintereier; im Sommer rötliche bis grünlich braune Milben und bernsteinfarbene Sommereier; Spinnfäden; bei trockener Wärme Massenauftreten

VM: Frostschäden (Abb. 177)

GM: bei Befallsbeginn Behandlung mit einem gegen Spinnmilben zugelassenen Akarizid

Abb. 185: Gallenbildung und Triebschäden durch Fichtengallenläuse

EM: a, b) Kleine (Frühe und Späte) Fichtengallenlaus (*Adelges laricis, A. tardus*), „Erdbeergalle“: gesamter Maitrieb umgewandelt, haselnussgroß, mit Nadelresten (a), verlassene Galle braun, unregelmäßige Zweigbildung (b); *Adelges laricis* mit Wechsel zwischen Fichte und Lärche; *Adelges tardus* nur auf der Fichte

c) Gelbe Fichtengallenlaus (*Adelges abietis*), „Ananasgalle“: Galle an der Triebbasis, bis 3 cm lang, Schuppenränder rötlich, kein Wirtswechsel

d) Grüne Fichtengallenlaus (*Adelges viridis*): Galle bis 5 cm, mit langen Nadelresten, an Zweigenden oder -basis (hier an Sitka-Fichte), Wirtswechsel mit Lärche

GM: nicht erforderlich

Abb. 186: Knospensterben durch Pilzinfektion (*Cucurbitaria* [*Gemmamyces*] *piceae*)

EM: im Frühjahr fehlender Austrieb; bei mehrjährigem Befall Zweigdeformation durch Absterben von Knospen (a, b); auf Knospen schwarze, krustenartige Überzüge mit kugeligen Fruchtkörpern (c); besonders an *Picea pungens;* in Gebieten mit hohen Niederschlägen

VM: „Sitzenbleiben" der Knospen (LIT 18): Fruchtkörper fehlen

GM: Ausschneiden befallener Triebe

Abb. 187: Baumsterben durch Dunklen Hallimasch (*Armillaria ostoyae*)

EM: Nadelvergilbung, später Nadelbräune letztjähriger Triebe; Harzfluss an der Stammbasis (a); unter der Rinde weißes Mycel (b) oder dunkle Rhizomorphen; im Herbst hutförmige Fruchtkörper (c); Absterben des Baumes

VM: andere *Armillaria*-Arten (LIT 11); Strangulation des Stammes; Trocknisschäden

GM: Baumsanierung nicht möglich, erkrankte Bäume mit Wurzeln entfernen (Infektionsquelle!); keine Nachpflanzung mit Nadelholz

Pieris (Lavendelheide)

- **an Blättern, Trieben**
- – gelbliche Blattverfärbung durch Eisenmangel auf basischen Böden, „Kalkchlorose“: vgl. Abb. 239
- – zahlreiche, dunkelrote Blattflecke durch Anthocyanbildung im Winter: vgl. Abb. 176
- – rundliche, graubraune Blattflecke durch Pilzinfektion (*Phyllosticta andromedae*): Konidien eiförmig
- – gelblich-weiße Sprenkelung durch Andromedanetzwanze (*Stephanitis takeyai*): Abb. 188
- – Blattwelke, Triebsterben und Wurzelhalsfäule durch *Phytophthora*-Arten

Abb. 188: Saugschäden durch Andromedanetzwanze (*Stephanitis takeyai*)

EM: helle Sprenkelung blattoberseits (a), später Vergilbung und vorzeitiger Blattfall; unterseits braune Kottropfen; Absterben möglich; Imago 3 bis 4 mm, mit zwei schwarzen Bändern auf netzartig gezeichneten Flügeln (b); Halsblase schwarz; Larven schwärzlich, mit Spornen auf dem Körper

VM: *Stephanitis oberti* (Abb. 262)

GM: Rückschnitt im Frühjahr; Behandlung mit einem gegen saugende Insekten zugelassenen, systemisch wirkenden Insektizid

Pinus (Kiefer)

- **an Nadeln, Knospen**

– Verfärbung älterer Nadeln im Herbst durch natürliche Alterung: Abb. 192
– Nadelverbräunung durch Auftaumittel
– Nadelverfärbungen durch Nährstoffmangel: LIT 18
– Fleckung, Nadelbräune und vorzeitiger Nadelfall durch Pilzinfektion: *Mycosphaerella pini*, Syn. *Dothistroma septosporum*: Abb. 191 oder *Mycosphaerella dearnessii*, Syn. *Lecanosticta acicola*: LIT 15
– Nadelvergilbung durch Kiefernnadelscheidengallmücke (*Thecodiplosis brachyntera*): Abb. 194
– Nadelverfärbung und -knickung durch Kiefernwolllaus (*Pineus pini*): Abb. 196
– Nadelfleckung durch Kommaschildlaus (*Lepidosaphes newsteadi*): Abb. 195
– Benadelungslücken durch männliche Blütenbildung: Abb. 190
– Nadelfraß durch Kiefernkultur-Gespinstblattwespe (*Acantholyda hieroglyphica*): Abb. 189
– Nadelfraß durch verschiedene Schmetterlingsraupen: LIT 18

- **an Trieben**

– Nadelverbräunung und Absterben einzelner Triebe durch Pilzinfektion, „Diplodia-Triebsterben“ (*Sphaeropsis sapinea*, Syn. *Diplodia pinea*): Abb. 193
– Knospenverbräunung, Triebsterben durch Pilzinfektion, „Scleroderris-Krankheit“ (*Gremmeniella abietina*, Syn. *Brunchorstia pinea*): LIT 18
– Saugschäden an Maitrieben durch Europäische Kiefernwolllaus (*Pineus pini*): Abb. 196
– Triebverkrümmung („Posthorn“) und Triebwelke durch Kiefernknospentriebwickler (*Rhyacionia buoliana*): LIT 18

- **an Ästen, am Stamm**

– Ast- und Baumsterben; auf der Rinde orangegelbe Sporenbehälter und Harzfluss durch Rostpilzinfektion, „Strobenrost“ (*Cronartium ribicola*), Wirtswechsel mit Johannisbeere: vgl. Abb. 265; LIT 18, 25
– weißer Rindenbesatz durch Strobenrindenlaus (*Eopineus strobi*): LIT 18
– Fraßgänge in Rinde und Splint durch Rüsselkäfer (*Hylobius*-, *Pissodes*-Arten) oder Borkenkäfer (*Ips*-Arten): LIT 18
– Fraßschäden durch Rötelmaus (*Clethrionomys glareolus*): LIT 18

- **an Stammbasis, Wurzeln**

– Harzaustritt; weißes Mycel unter der Rinde; im Herbst am Stammfuß hutförmige, braune Hallimasch-Fruchtkörper (*Armillaria*-Arten): vgl. Abb. 187

Abb. 189 (oben)**:** Fraßschäden an Trieben durch Kiefernkultur-Gespinstblattwespe (*Acantholyda hieroglyphica*)

EM: an Trieben mit Kot gefüllte Gespinste; im Inneren Afterraupe; Nadeln einzeln abgebissen; Larven rötlich braun, gesprenkelt, bis 2,5 cm lang; Verpuppung im Boden; nur an jüngeren Kiefern
VM: männlicher Blütenstand (Abb. 190)
GM: befallene Triebe ausschneiden

Abb. 190: Benadelungslücken durch Bildung männlicher Blüten

EM: männliche Blüten anstelle von Nadeln, später dort Kahlstellen
VM: Fraßschäden (z. B. Abb. 189)
GM: keine, da natürlicher Vorgang

Abb. 191: Nadelschäden durch „Dothistroma-Nadelbräune" (*Mycosphaerella pini*, Nebenfruchtform *Dothistroma septosporum*)

EM: einzelne, braune Nadelflecke; später Verbräunung der ganzen Nadel (a); auf rötlichen Flecken schwarze Fruchtkörper (b) mit farblosen Konidien (Tafel II/6)
VM: Nadelalterung (Abb. 192); *Sphaeropsis sapinea*, Syn. *Diplodia pinea* (Abb. 193); *Mycosphaerella dearnessii*, Syn. *Lecanosticta acicola*: Konidien bräunlich (LIT 11, 15)
GM: Entfernen betroffener Triebe, ggf. Rodung

Abb. 192: Verfärbung und Nadelfall durch natürliche Nadelalterung (Seneszenz)

EM: ab Spätsommer gelbe bis braune Verfärbung mehrjähriger Nadeln, anschließend „Herbstschütte"; Förderung durch Trockenheit; Fehlen von tierischen oder pilzlichen Strukturen
VM: Dothistroma-Nadelbräune (Abb. 191); „Kiefernschütte" durch *Lophodermium seditiosum* mit Vorkommen fast nur in Kiefernkulturen (LIT 11, 18)
GM: natürlicher Vorgang; vorbeugend und abschwächend durch ausreichende Nährstoff- und Wasserversorgung

Abb. 193: „Diplodia-Triebsterben“ durch Pilzinfektion (*Sphaeropsis sapinea*, Syn. *Diplodia pinea*)

EM: Absterben letztjähriger Triebe (a); Harzfluss; auf Rinde und Nadeln schwarze Fruchtkörper (b) mit braunen Konidien (Tafel II/12); Nadeln fallen vorzeitig ab

VM: *Gremmeniella abietina*, Syn. *Brunchorstia pinea* (Tafel II/2, LIT 18)

GM: abgestorbene Triebe entfernen

Abb. 194: Nadelverfärbung und vorzeitiger Nadelfall durch Kiefernnadelscheidengallmücke (*Thecodiplosis brachyntera*)

EM: hellbraune Verfärbung einzelner Nadeln am jüngsten Trieb; Nadeln häufig verkürzt; an der Nadelbasis orangerote Larve in verdickter Nadelscheide (LIT 18); Überwinterung unter Knospenschuppen oder in der Nadelscheide; später dort leere Puppenhülle; vorzeitiger Nadelverlust

VM: natürliche Nadelalterung (Abb. 192); Dothistroma-Nadelbräune (Abb. 191)

GM: nicht erforderlich

Abb. 195: Saugschäden durch Kiefernkommaschildlaus (*Lepidosaphes newsteadi*)

EM: auf Nadeln in Reihe angeordnete Schildläuse (a) mit muschelförmigem, weißen, 2 mm langen (b, Weibchen) oder kürzerem Schild (Männchen); Nadelfleckung

VM: andere Schildlaus-Arten, z. B. *Leucaspis* spp. (LIT 18)

GM: schwer bekämpfbar; Ausschneiden befallener Triebe; wiederholte Behandlung mit einem gegen Schildläuse zugelassenen Insektizid

Abb. 196: Europäische Kiefernwolllaus (*Pineus pini*)

EM: an Maitrieben ungeflügelte Läuse mit weißer Wachswolle; bei starkem Befall Nadelfleckung; geflügelte Läuse auf Fichte übergehend; auf zweinadeligen Kiefern

VM: andere Kiefernläuse (*Pineus cembrae*, *Eopineus strobi*, LIT 18)

GM: Behandlung mit einem gegen Blattläuse (Wollläuse) zugelassenen Insektizid

Platanus (Platane)

- **an Blättern, Trieben**
- – Vergilbung und vorzeitiger Blattfall durch Wassermangel
- – Blattrandnekrose durch Auftaumittel: vgl. Abb. 5
- – weißer, fleckenartiger Überzug auf jungen, deformierten Blättern durch Echten Mehltaupilz (*Erysiphe platani*): Abb. 199
- – Welke und Absterben des Neuaustriebs; im Sommer zackenartige braune Blattflecken entlang der Hauptadern durch den Blattbräunepilz *Apiognomonia veneta*: Abb. 201
- – helle Sprenkelung in der Nähe von Blattadern, später Bronzefärbung durch Platanennetzwanze (*Corythucha ciliata*): Abb. 197
- – chlorotische Sprenkelung, Blattvertrocknung durch Saugen der Gemeinen Spinnmilbe (*Tetranychus urticae*)
- – löffelartige Deformation der Blätter durch die Platanengallmilbe (*Rhyncaphytoptus platani*): Abb. 200
- – vereinzelte, 2 bis 3 cm große Platzminen durch Raupen der Platanenminiermotte (*Phyllonorycter platani*): Abb. 198

- **an Ästen, am Stamm, im Holz**
- – Borkenabwurf nach starkem Wachstumsschub; unbedenklich
- – Rindennekrosen, Absterben von Ästen durch Pilzinfektion (*Ceratocystis platani*); bisher nicht in Deutschland aufgetreten; Quarantäneschaderreger: Abb. 203
- – an Ästen Nekrosen, Absterben von Zweigabschnitten durch Pilzinfektion (*Apiognomonia veneta*): Abb. 201
- – Absterben von Ästen und Holzabbau durch Pilzinfektion, „Massaria-Krankheit“ (*Splanchnonema platani*): Abb. 202
- – Saugschäden durch Gemeine Kommaschildlaus (*Lepidosaphes ulmi*): Schilde miesmuschelförmig
- – Absterben jüngerer Bäume; Fraßgänge im Holz durch Raupen des Blausiebs (*Zeuzera pyrina*): vgl. Abb. 174
- – Schleimfluss aus Rindenspalten: Abb. 204
- – Fäule im Holz; außen konsolenförmige Fruchtkörper von Zottigem Schillerporling (*Inonotus hispidus*): Abb. 205a, b oder vom Goldfell-Schüppling (*Pholiota aurivella*): Abb. 205c

- **an Stammbasis, Wurzeln**
- – am Stammgrund große, hellockerbraune Fruchtkörper des Riesenporlings (*Meripilus giganteus*): vgl. Abb. 112a, b

Abb. 197: Saugschäden durch Platanennetzwanze (*Corythucha ciliata*)

EM: blattoberseits gelblich weiße Sprenkelung, besonders im Bereich der Blattadern (a); unterseits schwarze Larven mit Sekrettropfen sowie 3 mm lange Wanzen mit hellen, netzartigen Deckflügeln (b); Vorkommen vorwiegend in Südeuropa
VM: Spinnmilben-Befall
GM: meist nicht erforderlich

Abb. 198: Minierfraß durch Platanenminiermotte (*Phyllonorycter platani*)

EM: anfangs sehr schmale, helle Miniergänge entlang von Blattadern; später 2 bis 3 cm große, beigefarbene, oft gesprenkelte Platzminen; innen Plätzefraß durch grünweiße Räupchen; nach dem Schlupf (blattunterseits) Mine braun; 2 Generationen; Verpuppung der 1. Generation in der Blattmine am Baum, Überwinterung der 2. Generation in abgefallenen Blättern; Falterflug von Mai bis Juni
VM: Pilzinfektionen, z. B. *Apiognomonia veneta* (Abb. 201b)
GM: Beseitigung abgefallener Blätter

Abb. 199: Weißliche Blattfleckung und Blattdeformation durch Echten Mehltaupilz (*Erysiphe platani*)

EM: weißliche, oft zusammenfließende Flecke blattober und -unterseits, an frischem Austrieb auch Blattdeformation; bei starkem Befall Blattnekrosen; im Sommer Konidienbildung; ab Spätsommer Fruchtkörper mit Asci und Ascosporen; Befall wird durch Schnittmaßnahmen gefördert
VM: Deformationen: Platanengallmilbe
GM: zurückhaltende Schnittmaßnahmen

Abb. 200: Blattrandwölbung und löffelartige Verformung durch Platanengallmilbe (*Rhyncaphytoptus platani*)

EM: verstärkter Haarfilz vor allem am Blattrand; Blattrandwölbung und -verdickung bis löffelartige Verformung der Blätter: Verbräunen der Blätter und nachfolgend Blattfall; seltenes, aber sehr auffälliges Schadbild
VM: Herbizideinwirkung; Blattverformungen: Echter Mehltau (Abb. 199)
GM: nicht erforderlich

Abb. 201: Blatt-, Trieb- und Rindenschäden durch Pilzinfektion (*Apiognomonia veneta*), „Apiognomonia-Blattbräune" der Platane

EM: Triebwelke und Triebsterben (a, Pfeil); an Blättern langgestreckte Nekrosen (b) mit Fruchtkörpern der *Discula*-Nebenfruchtform (Konidien Tafel III/6); im Frühsommer massiver Blattfall möglich (c); später Zweigsterben und Nekrosen an Ästen (d), vorzeitiger Blattfall

VM: Frostschaden; Hitzelaubfall; braune Platzminen der Platanenminiermotte (Abb. 198)

GM: Falllaub entfernen; Ausschneiden der Rindenschadstellen

Abb. 202: Absterben von Ästen sowie Holzfäule durch Pilzinfektion (*Splanchnonema platani*), „Massaria-Krankheit" der Platane

EM: Absterben von Ästen (a, Pfeil); Rindennekrosen; Blattwelke; hellgraue bis bräunliche Holzverfärbung (b); im abgestorbenen Rindengewebe schwarze Fruchtkörper (c) zunächst der Konidienform (*Macrodiplodiopsis desmazieresii*) mit braunen, vierzelligen Konidien (d); später auch Perithecien mit Ascosporen; Schwächeparasit nach heißen, trockenen Sommern oder nach Einwirkung anderer Stressfaktoren; Befall kann zu Problemen bei der Verkehrssicherheit führen

VM: Platanenwelke (Abb. 203); bisher nicht in Deutschland

GM: Entnahme befallener Äste; regelmäßige Baumkontrolle

Abb. 203: Welke und Rindennekrose durch Pilzinfektion (*Ceratocystis platani*), „Platanenwelke“

EM: Blattwelke; längs am Stamm erst schmale (a), dann breite, braune, Rindennekrosen (b); Absterben des Baumes; streifenartige Verfärbung im Holz; bisher kein Nachweis in Deutschland (LIT 11)

VM: Welke nach Dürreperioden; Rindennekrosen durch *Apiognomonia veneta*: Wunden werden überwallt

GM: Quarantäneschaderreger; Beratung durch PSD!

Abb. 204: Schleimfluss durch bakterielle Infektion (Nasskern)

EM: aus Rindenspalten austretende, anfangs helle Flüssigkeit, die sich später durch sekundäre Mikroorganismen bräunlich verfärbt; Einwanderung anaerober Bakterien in den Stamm oft über frühere Astungswunden; Ausbreitung über endogene Radialrisse im Stamm; häufig mit Nasskern verbunden

VM: natürlicher Saftfluss nach Astschnitt im Frühjahr

GM: Vermeiden von Astungswunden über 10 cm Durchmesser; evtl. Anwendung eines Wundverschlussmittels

Abb. 205: Holzfäule im Stamm durch holzzersetzende Pilze

EM: a, b): Zottiger Schillerporling (*Inonotus hispidus*): meist hoch am Stamm an Ästungswunden sitzende, erst gelblich rostrote (a), dann braunschwarze, bis 30 cm große, einjährige Konsolen (b); verursacht nur geringe Beeinträchtigung der Bruch- und Standfestigkeit; c) Goldfell-Schüppling (*Pholiota aurivella*): meist büschelig an Astungswunden auftretende, gelbbraune Hutpilze mit gelben, später braunen Lamellen; auf schmieriger Hutoberfläche braune Schuppen; Stiel ebenfalls schmierig; verursacht starke Holzzersetzung

VM: a, b) Schwefelporling (vgl. Abb. 273a); c) andere *Pholiota*-Arten (LIT 14)

GM: frühzeitige Ästung

Populus (Pappel)

- **an Früchten, Blättern, Trieben**

– goldgelbe, blasig aufgetriebene Fruchtanlagen: auf Zitter-Pappel durch *Taphrina johansonii*, auf Silber-Pappel durch *Taphrina rhizophora*: LIT 25
– Vergilbung, vorzeitiger Blattfall durch Trockenheit
– chlorotische Scheckung der Blätter durch Virusinfektion (Pappelmosaikvirus): LIT 18
– gelbe Sporenlager blattunterseits durch Rostpilzinfektion (*Melampsora*-Arten): Abb. 209
– auf Schwarz-Pappel braun gesprenkelte Blätter durch *Drepanopeziza brunnea*, Syn. *Marssonina brunnea*: Abb. 206
– auf Silber-Pappel braune, kleine Blattflecke durch *Drepanopeziza* [*Marssonina*] *castagnei*: Konidien Tafel II/14
– auf Zitter-Pappel einzelne, große dunkel-braune Blattflecke durch *Sphaerulina* [*Asteroma*] *frondicola*: Abb. 208
– blasenartige Blattwölbungen an Schwarz-Pappel durch *Taphrina populina*: Abb. 207
– Blattfleckung und Triebschäden an Zitter-Pappel durch *Venturia radiosa*, Syn. *Pollaccia radiosa*: Abb. 211a
– Absterben älterer Triebe durch Pilzinfektion (*Cytospora chrysosperma*): Abb. 211b
– Gallenbildung durch Gallmücken, Gallmilben oder Blasenläuse: Abb. 210
– Triebmissbildung durch Gallmilben (*Aceria dispar*): Abb. 212
– Blattschäden durch weiß bepuderte Blattläuse (*Pachypappa tremulae*)
– große, schwarzbraune Blattminen durch Pappelblattwespe (*Messa hortulana*): LIT 1
– geschlängelte, helle Gangminen mit Larven von Minierfliegen (*Paraphytomyza*-Arten)
– Blattfraß, Lochfraß durch Kleinen Weidenblattkäfer (*Phratora vitellinae*): vgl. Abb. 297

- **an Ästen, am Stamm, im Holz**

– Zweigsterben im Kronenbereich durch Grundwasserabsenkung
– Aufplatzen der Rinde durch tiefe Temperaturen
– Rindennekrose an jungen Bäumen, Absterben von Ästen durch den Rindenbranderreger (*Cryptodiaporthe populea*): Abb. 213
– gekröseartige Krebswunden an Stamm und Ästen durch Bakterieninfektion (*Xanthomonas arboricola* pv. *populi*): vgl. Abb. 131b
– knotige Anschwellung an Ästen, Fraßgänge im Inneren von Stämmen durch Kleinen Pappelbock (*Saperda populnea*) LIT 4, 18
– Baumsterben durch Asiatischen Laubholzbockkäfer (*Anoplophora glabripennis*): vgl. Abb. 23
– im Kronenraum grüne Büsche der Laubholz-Mistel (*Viscum album*): vgl. Abb. 360
– rötlich verfärbte und verkleinerte Blätter; langsamer Verfall mit Absterben von Ästen durch Phytoplasmen-Infektion: LIT 18

Abb. 206: Blattfleckung, vorzeitiger Blattfall durch Pilzinfektion (*Drepanopeziza brunnea*, Syn. *Marssonina brunnea*), „Marssonina-Krankheit" der Pappel

EM: auf Blättern dicht gesäte, kleine Flecke, die bei stärkerem Befall zusammenfließen (b); Blätter vergilben, fallen vorzeitig ab; Fruchtkörper blattoberseits mit weißer Öffnung; Konidien zweizellig, schuhsohlenförmig (Tafel I/6); meist seuchenartig auftretend; Erkrankung sortenabhängig: 'Robusta' (a, Bild links) kaum, 'Marilandica' (a, Bild rechts) stark anfällig; Ausbildung der Hauptfruchtform auf abgefallenen Blättern

VM: Blattverlust durch Trockenheit; Infektion durch *Mycosphaerella populi*, Syn. *Septoria populi:* Flecke weniger dicht, 1 bis 2 mm groß, Konidien langzylindrisch (Tafel II/18)

GM: Bevorzugung resistenter Sorten; Falllaub entfernen

Abb. 207: Blasenartige Blattwölbung durch Pilzinfektion (*Taphrina populina*), „Goldfleckenkrankheit"

EM: meist mehrere, halbkugelige, konkave oder konvexe Blattdeformationen; auf den vertieften Stellen oberflächlich goldgelber Überzug aus dichtstehenden Asci
VM: keine
GM: nicht erforderlich

Abb. 208: Große Blattflecke durch Pilzinfektion (*Sphaerulina* [*Asteroma*] *frondicola*)

EM: meist einzelne, große, aschgraue Flecke mit breitem, schwarzgrauem Rand; blattoberseits zahlreiche, schwarze, ca. 0,3 mm große, kissenförmig erhabene Fruchtkörper mit spindeligen Konidien; im Frühjahr Ausbildung der Hauptfruchtform (*Linospora ceuthocarpa*); aggressiver Parasit auf *Populus tremula*
VM: wegen des auffälligen Schadbildes unverwechselbar
GM: nicht erforderlich

Abb. 209: Blattfleckung durch Rostpilzinfektion, „Pappelrost" (*Melampsora populnea*)

EM: blattoberseits zahlreiche kleine, gelbliche Flecke, unterseits orangegelbe Sporenpusteln (Uredolager); später oberseits Teleutolager; bei stärkerem Befall Blattdürre; Wirtswechsel mit nichtverwandten Pflanzen; aus mehreren Formen bestehende Sammelart
VM: andere Rostpilzarten (LIT 25)
GM: nicht erforderlich

Abb. 210: Gallenbildung durch Gallmücken (a), Gallmilben (b) oder Blasenläuse (c, d)

EM: a) Kugelgallmücke (*Harmandiola tremulae*): blattoberseits kugelige, ca. 4 mm große, rote Gallen mit je 1 Larve; nur auf Zitter-Pappel. b) Filzgallmilbe (*Phyllocoptes populi*): blattunterseits grubenartige Vertiefungen mit gelblichem Filzrasen; auf Zitter-Pappel. c) Blattstielgallenlaus (*Pemphigus bursarius*): einzelne, rundliche Gallen mit zweiklappiger Öffnung auf Pyramiden-Pappel; im Sommer Abwandern auf Korbblütler, z. B. Salat, dort durch Besaugen der Wurzeln schädlich („Salatwurzellaus"). d) Blattstieldrehlaus (*Pemphigus spyrothecae*): Spiralgalle an Blattstielen von Pyramiden-Pappel, innen wachsausscheidende Läuse; kein Wirtswechsel

VM: andere Gallenarten (LIT 4)

GM: nicht erforderlich

Abb. 211: Triebsterben durch Pilzinfektion an Zitter-Pappel

EM: a) *Venturia* [*Pollaccia*] *radiosa*: Absterben junger Triebspitzen; an Blättern braune Nekrosen mit olivgrünen Sporenlagern (Konidien ähnlich Tafel II/16)

b) *Cytospora chrysosperma*: Absterben älterer Triebe nach Vorschädigung, z. B. durch Frost oder Insektenbefall

GM: erkrankte Triebe ausschneiden

Abb. 212: Triebdeformation durch Pappeltriebgallmilbe (*Aceria dispar*)

EM: Missbildung ganzer Sprosse, meist von Seitenzweigen; Triebe verkürzt, stark behaart; Blätter klein und verkümmert, mit gekräuseltem und verdicktem, oft rötlich gefärbtem Rand; Milben sehr klein, weißlich, walzenförmig; nur an Zitter-Pappel (LIT 4)

VM: keine

GM: nicht erforderlich, eventuell deformierte Triebe ausschneiden

Abb. 213: „Rindenbrand der Pappel" durch Pilzinfektion (*Cryptodiaporthe populea*), „Dothichiza-Rindenbrand"

EM: an jüngeren Stämmen (a, Rinde angeschnitten) und Ästen älterer Bäume ellipsenförmige Rindennekrosen, die nach 2 bis 3 Jahren überwallt werden (b, links); dünnere Äste können absterben (b, rechts); in der Rinde dunkle Fruchtkörper der Nebenfruchtform *Discosporium populeum* (b, Pfeil) mit eiförmigen Konidien (Tafel III/9); Kronensterben als typisches Schadbild an Pyramiden-Pappel; Schwächeparasit nach Vorschädigung, z. B. durch Frost (c); episodisch auftretend (LIT 1)

VM: Zweigsterben nach Grundwasserabsenkung; Pappelkrebs (*Xanthomonas arboricola* pv. *populi*, vgl. Abb. 131b)

GM: je nach Schadensausmaß Baumfällung oder Regeneration abwarten; Anbau anderer, schmalkroniger Baumarten

Prunus (Kirsche, Lorbeer-Kirsche, Mandelbäumchen, Schlehe, Trauben-Kirsche, Zier-Pflaume)

- **an Blättern, Blüten, Früchten**
- – Blattverbräunung durch Frosteinwirkung: Abb. 214
- – Blattrandnekrose durch Einwirkung von Auftaumitteln: Abb. 215
- – nekrotische Blattfleckung durch Virus- bzw. Bakterieninfektion: Abb. 222, 226
- – zahlreiche kleine, bräunliche Blattflecke ohne Löcher durch Pilzinfektion (*Blumeriella jaapii*, Syn. *Phloeosporella padi*): Abb. 225
- – bräunliche Blattflecke durch verschiedene Pilzarten, „Schrotschusskrankheit“: Abb. 221
- – an Trauben-Kirsche rötliche Blattflecke durch Rostpilzinfektion (*Thekopsora areolata*, Syn. *Pucciniastrum areolatum*): Abb. 223
- – buckelartige Blattmissbildung durch Echten Mehltaupilz (*Podosphaera tridactyla*): Abb. 218
- – Blattfleckung durch Falschen Mehltau (*Peronospora sparsa*): Abb. 219
- – blasenartige, verdickte Blattkräuselung an Spätblühender Trauben-Kirsche (*Prunus serotina*) durch *Taphrina farlowii*: Abb. 217
- – Blattgallen durch Gallmilben (*Eriophyes*-Arten): Abb. 216
- – Blattkrümmungen durch Spinnmilben (*Eotetranychus*-Arten)
- – schlangenartige Gangminen durch Raupen der Obstbaumminiermotte (*Lyonetia clerkella*): Abb. 220
- – deformierte Früchte durch *Taphrina*-Arten: Abb. 224
- – Fraßschäden durch kolonienbildende Gespinstmotten: an Trauben-Kirsche durch *Yponomeuta evonymella* (Abb. 229), an Schlehe durch *Yponomeuta padella* (vgl. Abb. 94)
- – Fraßschäden durch Kleinen Frostspanner (*Operophtera brumata*) oder andere, freifressende Schmetterlingsraupen: vgl. Abb. 16a, b

- **an Trieben**
- – Triebsterben durch Bakterieninfektion: Abb. 226
- – Triebsterben durch Pilzinfektion (*Monilinia laxa*), „Monilia-Triebspitzendürre“: Abb. 228

- **an Ästen, am Stamm, im Holz**
- – in der Baumkrone Hexenbesen durch Pilzinfektion (*Taphrina wiesneri*): Abb. 227
- – Stammdeformation durch Pfropfung: Abb. 230
- – Weißfäule im Stamm durch Zinnoberrote Tramete (*Pycnoporus cinnabarinus*): Abb. 231 bzw. Feuerschwamm-Arten (*Phellinus*-Arten): Abb. 232
- – Braunfäule im Stamm durch Schwefelporling (*Laetiporus sulphureus*): vgl. Abb. 273a

- **an Stammbasis**
- – am Stammgrund büschelig auftretende Fruchtkörper vom Hallimasch (*Armillaria*-Arten): vgl. Abb. 187c oder Sparrigen Schüppling (*Pholiota squarrosa*): LIT 18

Abb. 214: Blattverfärbung durch Frosteinwirkung an Lorbeer-Kirsche

EM: durch tiefe Temperaturen ausgelöste, braune Verfärbung von Blättern, auf der Blattspreite oder an der Blattspitze beginnend; betroffene Blätter vertrocknen, fallen ab; Triebe meist ohne Schädigung; Frostempfindlichkeit sortenabhängig

VM: Salzschäden (Abb. 215): nur Blattränder betroffen; Dürreschaden: olivbraune Verfärbung meist aller Blätter einer Pflanze

GM: Abdeckung im Winter; Anpflanzung frostharter Sorten

Abb. 215: Blattrandbräune durch Schadstoffeinwirkung

EM: Blattränder braun; abgestorbene Partien werden von der Pflanze abgestoßen; Ursache sind Auftaumittel oder andere Schadstoffe: Nachweis u. a. durch chemische Blattanalyse

VM: Frostschaden: meist ganzes Blatt braun sowie fehlende Abstoßungsreaktion (Abb. 214); Dürreschaden

GM: mäßige Düngung, ausreichende Bewässerung, jedoch mit natriumarmem Gießwasser, z. B. Regenwasser

Abb. 216: Gallenbildung durch Gallmilben (*Eriophyes*-Arten)

EM: a) *Eriophyes prunispinosi*: schwach behaarte, beidseitig hervortretende Beutelgallen am Rand der Blattflächen, an Schlehe

b) *Eriophyes padi:* behaarte Beutelgallen auf Blattflächen oberseits, an Gewöhnlicher Trauben-Kirsche (LIT 4)

GM: nicht erforderlich

Abb. 217: Blasenartige Blattkräuselung durch Pilzinfektion (*Taphrina farlowii*) an Spätblühender Trauben-Kirsche

EM: meist zahlreiche auf der Blattspreite auftretende, nach oben gewölbte, verschieden große, verdickte Auftreibungen, hellgrün, oft rötlich überlaufen; unter der Kutikula von Ober- und Unterseite palisadenartig zusammenstehende Asci mit jeweils acht hefeartig sprossenden Ascosporen

VM: keine

GM: nicht erforderlich

Abb. 218: Blattdeformierung an Lorbeer-Kirsche durch Echten Mehltaupilz (*Podosphaera tridactyla*)

EM: buckelartige Wölbungen an jungen Blättern (a); unterseits Mycelrasen; als Abwehrreaktion Epidermisnekrosen (b); braune Flecke durch *Cladosporium uredinicola* (Hyperparasit)

VM: Falscher Mehltau (Abb. 219); Frost

GM: Wahl resistenter Sorten; bei wiederholtem Befall Behandlung mit einem gegen Echte Mehltaupilze zugelassenen Fungizid nach Blattaustrieb

Abb. 219: Blattfleckung und Blattdeformation durch Falschen Mehltau (*Peronospora sparsa*)

EM: anfangs hellgrüne Flecke blattoberseits; später bräunliche Nekrosen; oft schwer bestimmbar, da Sporenbildung selten

VM: Echter Mehltau (Abb. 218)

GM: Entnahme befallener Blätter oder Triebe

Abb. 220: Minierfraßschäden durch Raupen der Obstbaumminiermotte (*Lyonetia clerkella*)

EM: blattoberseits schlangenartig schmale, hellbräunliche Gangminen, die sich allmählich verbreitern; vom Minengang eingeschlossene Blattpartien sterben ab, fallen aus, Löcher bleiben zurück (a); am Ende der Gangmine grünlich weiße, 5 bis 8 mm lange Räupchen mit braunem Kopf und ebenso gefärbten Beinen (b, freigelegt); Verpuppung an Blättern in weißen Kokons; drei Generationen im Jahr; außer an *Prunus*-Arten an zahlreichen anderen Rosengewächsen

VM: Schrotschusskrankheit: Fehlen von Miniergängen (Abb. 221)

GM: befallene Blätter entfernen

Abb. 221: Schrotschusskrankheit durch Pilzinfektion

EM: rundliche, bald herausfallende, bräunliche Flecke mit grauem Zentrum; verursacht durch verschiedene Pilze: *Sphaceloma* sp., *Colletotrichum gloeosporioides* (Tafel I/5), *Stigmina carpophila*

VM: *Pseudomonas*-Infektion (Bakterieller Schrotschuss), Lochfraß durch Raupen

GM: Bevorzugung resistenter Sorten

Abb. 222: Nekrotische Fleckung mit Schrotschusseffekt durch Virusinfektion (Nekrotisches Ringfleckenvirus)

EM: meist um Blattadern gelegene, rundliche bis länglich gestreckte, braune Flecke, die später herausbrechen; dazwischen oft gelbgrüne Bandzeichnung; Absterben von Blättern und Triebspitzen

VM: Schrotschusskrankheit (Abb. 221), Traubenkirschenrost mit ausfallenden Nekrosen (Abb. 223)

GM: nicht möglich

Abb. 223: Blattfleckung auf *Prunus padus* durch „Traubenkirschenrost“ (*Thekopsora areolata*, Syn. *Pucciniastrum areolatum*)

EM: oberseits anfangs karminrote Flecke (a), blattunterseits rosafarbene Uredolager (b) mit farblosen Uredosporen; im Herbst festsitzende Teleutolager; Befallsstellen können abortiert werden; Wirtswechsel mit Fichte (LIT 11)
VM: andere Blattpilze (LIT 9)
GM: nicht erforderlich

Abb. 224: Fruchtschäden durch Pilzinfektion (*Taphrina padi*)

EM: gekrümmte, deformierte, anfangs rötlich gelbe, teilweise verkümmernde Fruchtanlagen, außen mit graubraunem Belag (Asci!); später eintrocknend; oft mit sekundärem *Cladosporium*-Befall
VW: *Taphrina pruni*, Erreger der „Narrentaschen“ an Kultur-Pflaume und Blut-Pflaume
GM: bei *Taphrina padi* nicht erforderlich; bei *Taphrina pruni* befallene Früchte zur Minderung des Infektionsdrucks entfernen

Abb. 225: Sprühfleckenkrankheit der Kirsche (*Blumeriella jaapii*)

EM: auf grünen, später gelbroten Blättern (a) kleine, violettbraune Flecke (b); Makrokonidien wurmförmig, zweizellig (ähnlich Tafel II/15); vorzeitiger Blattfall; oft seuchenartig auftretend

VM: Schrotschusskrankheit (Abb. 221); Bakterienbefall (Abb. 226)

GM: nicht erforderlich

Abb. 226: Blattfleckung und Triebsterben durch Bakterieninfektion (*Pseudomonas syringae* pv. *mors-prunorum*), „Bakterienbrand“

EM: auf grünen Blättern meist mehrere, kleinere, rundliche, braune Nekrosen, die bald abgeschottet werden und dann herausfallen (Schrotschusseffekt); Trieb- und Zweigsterben, gefördert durch längere Regenperioden im Frühjahr; am Stamm Austritt von Wundgummi

VM: Ringfleckenvirus (Abb. 222); häufig Mischinfektion mit *Blumeriella jaapii* (Abb. 225)

GM: nicht erforderlich

Abb. 227: Hexenbesenbildung an Süß-Kirsche durch *Taphrina wiesneri*

EM: dichtstehende, senkrecht wachsende Triebe (a) mit hellgrüner Belaubung (b); auf der Blattunterseite Asci; Blütenbildung unterbleibt

VM: Vogelnester

GM: befallene Zweige ausschneiden oder als Kuriosum belassen

Abb. 228: „Monilia-Triebspitzendürre“ durch Pilzinfektion (*Monilinia laxa*), hier an Mandelbäumchen

EM: Blätter und Blüten welken, werden braun; Triebe sterben ab; auf abgestorbener Rinde graues Mycel der Konidienform (*Monilia laxa*) mit tönnchenförmigen Konidien; Infektionsweg über die Blüten

VM: Frostschaden: nur Blüten oder Blätter betroffen; Infektion mit *Verticillium dahliae*: Welke, ringförmige Verfärbung auf Astquerschnitt (vgl. Abb. 19a)

GM: tote Äste bis ins gesunde Holz zurückschneiden; chemische Behandlung nur bei Steinobst mit zugelassenen Fungiziden in die Blüte

Abb. 229: Fraßschäden durch Traubenkirschengespinstmotte (*Yponomeuta evonymella*)

EM: Blattfraß an Gewöhnlicher Traubenkirsche durch 18 bis 24 mm große, grünlich graue, schwarz punktierte, gesellig auftretende Raupen (a) in ausgedehnten, weißen, spinnwebeartigen Gespinsten (b); bei Massenbefall oft Kahlfraß (c); Gespinste auch am Boden und an wirtsfremden Bäumen; Verpuppung in weißen, undurchsichtigen Kokons am Baum; im Juli/August Flug der weißen Falter (ähnlich Abb. 94c)

VM: andere Gespinstmotten

GM: Ausschneiden einzelner Befallsnester

Abb. 230: Stammdeformation durch Pfropfung

EM: a) Wachstumsdiskrepanz zwischen stark wachsender Unterlage und schwachem Reis; b) Beulenbildung durch ungeordnetes Wachstum

VM: b) knollenartige Holzwucherung durch Bakterieninfektion (vgl. Abb. 48)

GM: Auswahl einer geeigneteren Unterlage; b) nur ästhetische Minderung

Abb. 231: Holzfäule durch Zinnoberrote Tramete (*Pycnoporus cinnabarinus*)

EM: nach Vorschädigung durch Sonnenbrand Weißfäuleentwicklung im Stamm; Fruchtkörper gesellig, mit auffallend roter Färbung; unterseits mit kleinen Poren; Vorkommen überwiegend als Saprobiont an liegenden Ästen und Stämmen, seltener am stehenden Stamm

VM: andere holzzersetzende Baumpilze (LIT 14)

GM: Stammschutz gegen Sonnenbrand (vgl. Abb. 18c)

Abb. 232: Fäule im Stamm und im Kernholz von Ästen durch Pilzinfektion (*Phellinus*-Arten)

EM: a, b) Pflaumen-Feuerschwamm (*Phellinus pomaceus*, Syn. *P. tuberculatus*): Fruchtkörper bräunlich, bevorzugt auf der Unterseite schräg stehender Äste oder Stämme, gesellig, mehr oder weniger flach anliegend, oberseitige Kruste oft stark reduziert, mehrjährig; Weißfäule oft den ganzen Stamm durchziehend (b); häufigster Wundparasit an *Prunus*-Arten, im Gartenbereich vor allem an Blut-Pflaume
c) Gemeiner Feuerschwamm (*Phellinus igniarius*): Fruchtkörper einzeln, konsolenförmig, mit wulstiger, brauner Zuwachskante; Oberseite mattbraun bis schwärzlich, bei älteren Exemplaren oft rissig; Weißfäuleerreger; befallene Bäume sind bruchgefährdet

VM: andere *Phellinus*-Arten (LIT 14)

GM: größere Ästungswunden vermeiden; befallene Äste bzw. Bäume entnehmen

Pyracantha (Feuerdorn)

- **an Blättern, Blüten, Früchten**
  - weißlicher Überzug durch Echten Mehltaupilz (*Podosphaera clandestina*): vgl. Abb. 42
  - Fleckung auf Blättern und Früchten durch Schorfpilzinfektion (*Fusicladium pyracanthae*): Abb. 234
  - orangefarbene Flecke blattoberseits, unterseits Sporenlager durch Rostpilzinfektion (*Gymnosporangium amelanchieris*): LIT 25
  - Platzminen blattoberseits durch Feuerdornminiermotte (*Phyllonorycter leucographella*): Abb. 233

- **an Trieben, Ästen**
  - Absterben von Zweigen und Ästen nach Rückschnitt: Abb. 235
  - Saugschäden an Triebspitzen durch Grüne Apfelblattlaus (*Aphis pomi*): Läuse leuchtend grün
  - mit weißer Wachswolle bedeckte Anschwellungen durch Blutlaus (*Eriosoma lanigerum*): Abb. 236
  - Blattwelke, Triebverkrümmung durch Bakterieninfektion, „Feuerbrand“ (*Erwinia amylovora*): vgl. Abb. 95

Abb. 233: Blasenartige Faltenmine durch Feuerdornminiermotte (*Phyllonorycter leucographella*)

EM: blattoberseits einzelne, große, silbrige Platzminen entlang der Mittelrippe; im Inneren eine cremeweiße Raupe mit je einem schwarzen Fleck auf jedem Segment; schwarze Kotkrümel; am Ende der Raupenentwicklung Längsfaltung der befallenen Blätter; stark minierte Blätter fallen vorzeitig ab; Falter 8 bis 9 mm Flügelspannweite, Vorderflügel mit weißen Strichen

VM: keine

GM: nicht erforderlich

Abb. 234: Dunkle Flecke auf Blättern und Früchten durch Schorfpilzinfektion (*Fusicladium pyracanthae*)

EM: Früchte anfangs schmutzig grau (a), überzogen mit olivbraunem Mycelrasen (b) und birnenförmigen Konidien (ähnlich Tafel I/10); Mycelrasen später braunschwarz; Früchte platzen auf und werden unansehnlich; Blätter oberseits mit rötlichen, später grünbräunlichen Flecken; blattunterseits Flecke braunschwarz mit fransenförmigem Rand (c); an Trieben aufplatzende Rindenpartien („Grind"); Erkrankung oft nur auf Früchte beschränkt; besonders in nassen Sommern; Befall sortenabhängig

VM: keine

GM: nicht erforderlich

Abb. 235: Zweigsterben an Feuerdornhecken durch abiotische Ursachen

EM: lückiger Heckenaufbau durch Absterben von Zweigen und Ästen; Komplexschaden, ausgelöst durch mechanische Schädigung (z. B. starken Heckenschnitt) mit nachfolgender, physiologischer Schwächung durch Wasserverlust; Besiedlung der absterbenden Äste durch saprobische Pilze, z. B. *Cytospora-* (Konidien würstchen-förmig) oder *Cryptosporiopsis*-Arten (Konidien breit elliptisch)
VM: starker Blutlaus-Befall (Abb. 236)
GM: Totäste ausschneiden; ausreichende Bewässerung; Lückenschluss erfolgt durch Selbstregulierung der Pflanze

Abb. 236: Beulenartige Anschwellungen an Ästen durch Blutlaus-Befall (*Eriosoma lanigerum*), „Blutlauskrebs"

EM: an Ästen halbkugelige oder knotenförmige Anschwellungen durch Saugen 1 bis 2 mm großer, anfangs rötlich gelber, später rotbrauner Läuse, eingehüllt in weiße, watteähnliche Wachsausscheidungen; beim Zerdrücken der Läuse Austreten einer blutroten Körperflüssigkeit; Obstbaumschädling! Vor allem an Apfelbaum (vgl. Abb. 175).
VM: Schildlaus-Befall: weiße Wachswolle fehlt
GM: befallene Pflanzenteile entfernen; Schonung der Blutlauszehrwespe (*Aphelinus mali*) als natürlicher Gegenspieler durch Verzicht auf breitwirksame Insektizide und Anwendung nützlingsschonender Pflanzenschutzmittel

Pyrus (Birnbaum)

- **an Blättern, Trieben**
– auf Blättern weißliche Überzüge von Echtem Mehltaupilz (*Podosphaera clandestina*): vgl. Abb. 42
– olivbraune Blattflecke durch Schorfpilzinfektion (*Fusicladium pyrorum*): vgl. Abb. 172
– gelbrote Blattflecke oberseits, bräunliche Sporenpusteln unterseits durch Rostpilzinfektion, „Birnengitterrost" (*Gymnosporangium sabinae*): Abb. 238
– dunkelbraune, rundliche Flecke durch *Mycosphaerella pyri*, Syn. *Septoria pyricola* (Abb. 237, VM)
– hellgrüne, später braune „Pickelgalle" durch Birnenpockenmilbe (*Eriophyes pyri*): Abb. 237
– Triebsterben durch Bakterieninfektion, „Feuerbrand" (*Erwinia amylovora*): vgl. Abb. 95

- **an Ästen, am Stamm**
– Absterben von Ästen durch *Neonectria ditissima*: vgl. Abb. 131a
– Baumsterben mit Nekrose am Stammgrund durch Infektion mit *Phytophthora cactorum*: vgl. Abb. 328

Abb. 237: Braune Blattfleckung mit Gallenbildung durch Birnenpockenmilbe (*Eriophyes pyri*), „Pickelgalle"

EM: beidseitig zahlreiche, anfangs grünliche, später dunkelbraune, kissenförmige Gallen mit Öffnung blattunterseits; bei stärkerem Befall Verbräunen größerer Blattpartien; im locker aufgeblasenem Galleninneren ca. 0,2 mm große Milben; Überwinterung in Knospen (LIT 4)
VM: Infektion durch *Mycosphaerella pyri*: Flecke rundlich, braun, 1 bis 3 mm, Konidien länglich (ähnlich Tafel II/3)
GM: nicht erforderlich

Abb. 238: Blattfleckung durch Birnengitterrost (*Gymnosporangium sabinae*)

EM: leuchtend gelbe bis orangerote Flecke blattoberseits (a); ab Spätsommer spindelförmige, gitterartig durchbrochene Aecidien blattunterseits (b); Wirtswechsel mit *Juniperus chinensis*, *J. sabina*, *J. virginiana* (vgl. Abb. 156)
VM: andere *Gymnosporangium*-Arten (LIT 25)
GM: Abstand beider Wirtspflanzen von mindestens 500 m einhalten oder Rodung einer der beiden Wechselwirte; Trennung bereits bei der Anpflanzung berücksichtigen; Anwendung gegen Rostpilze zugelassener Fungizide

Quercus (Eiche)

- **an Blättern, Knospen, Trieben**
- – Blattvergilbung, „Chlorose“ durch Eisen-/Manganmangel: Abb. 239
- – Blattverfärbungen durch andere Mangelkrankheiten: LIT 18
- – grauer, abwischbarer Überzug durch Rußtaupilze: vgl. Abb. 255
- – weißer, mehlartiger Überzug durch „Eichenmehltau“ (*Erysiphe alphitoides*): Abb. 240
- – braune Fleckung durch *Apiognomonia quercina*: LIT 11
- – rotgelbe Blattfleckung blattoberseits durch Eichenzwerglaus (*Phylloxera coccinea*): Abb. 241
- – weißliche Sprenkelung durch Eichenzwergzikade (*Typhlocyba quercus*): vgl. Abb. 15
- – Blattgallen durch Gallwespen: Abb. 243
- – Fenster- oder Skelettierfraß durch Eichenerdfloh (*Haltica quercetorum*): Abb. 244 oder Kleine Lindenblattwespe (*Caliroa annulipes*): Abb. 245
- – Blattminen durch Eichenminiermotte (*Tischeria ekebladella*): Abb. 242
- – Blattfraß durch Raupen des Eichenprozessionsspinners (*Thaumetopoea processionea*): Abb. 247
- – Blattfraß durch Raupen anderer Schmetterlingsarten der „Eichenfraßgesellschaft“: LIT 18
- – Blattfraß durch Maikäfer (*Melolontha*-Arten): Abb. 246
- – gelbliche Blattverfärbung entlang der Adern durch Spinnmilben (Tetranychidae): Abb. 249
- – Aufhellung und Sprenkelung der Blattspreite durch das Saugen der Eichennetzwanze (*Corythucha arcuata*); schwarze glänzende Kottropfen: Abb. 250

- **an Ästen, am Stamm, im Holz**
- – „Eichensterben“ durch biotisch/abiotischen Ursachenkomplex: LIT 18
- – Bohrlöcher in der Rinde, Befall durch Borkenkäfer (Eichensplintkäfer, *Scolytus intricatus*): Abb. 248
- – Schleimfluss (Nasskern): aus Wunden am Stamm austretende Flüssigkeit
- – Rindenkrebs und Weißfäule im Holz durch Runzeligen Schichtpilz (*Stereum rugosum*): vgl. Abb. 65
- – Stammdeformation und Rindenschäden durch „Zimtscheibe“ (*Pezicula cinnamomea*): LIT 11
- – Holzfäule durch Eichenfeuerschwamm (*Fomitiporia* [*Phellinus*] *robustus*): Abb. 251a, b, Eichenwirrling (*Daedalea quercina*): Abb. 251c, d oder Schwefelporling (*Laetiporus sulphureus*): vgl. Abb. 273a

- **an Stammbasis, Wurzeln**
- – konsolenförmige, braune Pilzfruchtkörper von Lackporlingen (*Ganoderma*-Arten): vgl. Abb. 111
- – am Stammgrund Fruchtkörper mit zahlreichen, spatelförmigen Hütchen des Klapperschwamms (*Grifola frondosa*): LIT 14
- – Wurzelbefall durch Spindeligen Rübling (*Gymnospus* [*Collybia*] *fusipes*) oder Hallimasch (*Armillaria*-Arten): LIT 14

Abb. 239: Blattverfärbung durch Eisen-/ Manganmangel, „Kalkchlorose", „Gelbsucht"

EM: einzelne Äste oder ganze Krone mit gelbgrünen bis leuchtend gelben Blättern (a); auf ganzer Blattspreite blass gelbgrüne, netzartig fleckige, oft zusammenfließende Chlorose (b); Blattadern bis in feinste Verästelungen schmal grün gesäumt (b); bei starkem Mangel auch braune Blattflecke; besonders auf Kalkstandorten oder nach Bodenkalkung
VM: Magnesiummangel; bunte Zierformen (z. B. Gold-Eiche: alle Blätter goldgelb)
GM: rechtzeitige Ausbringung eisenhaltiger Dünger; keine Kalkgaben

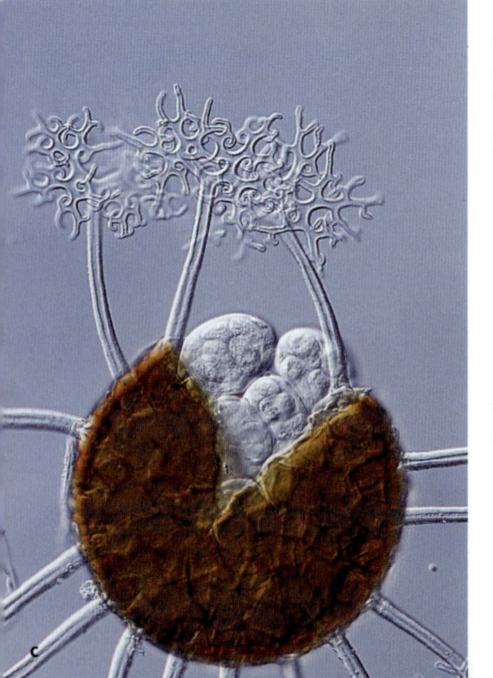

Abb. 240: Weißliche Blattfleckung durch „Eichenmehltau" (*Erysiphe* [*Microsphaera*] *alphitoides*)

EM: im Frühstadium chlorotische Blattfleckung, später weißliche Überzüge, die die gesamte Blattfläche einnehmen können (a); bei starkem Befall Missbildung der Triebspitze und Deformation der Blätter, besonders am Johannistrieb; ab Spätsommer dunkle, kugelige Fruchtkörper (b) mit mehrfach dichotom verzweigten Anhängseln; im Inneren sackförmige Asci mit je acht Ascosporen (c)

VM: keine

GM: nicht erforderlich

Abb. 241: Blattfleckung durch Eichenzwerglaus (*Phylloxera coccinea*)

EM: oberseits rundliche, meist zahlreiche, orangefarbene Flecke (a); unterseits gelbe, kreisförmige, dichte Eigelege (b)

VM: *Septoria quercicola* (Konidien Tafel II/3); Linsengallwespe (Abb. 243c)

GM: nicht erforderlich

Abb. 242: Blattminen durch Raupen der Eichenminiermotte (*Tischeria ekebladella*, Syn. *T. complanella*)

EM: weiße, blasenartige Platzmine durch Minieren 1 bis 3 blassgelber, beinloser Raupen pro Mine; Überwinterung im Blatt in runder, gelber Puppenwiege; Falter mit ockergelben Vorderflügeln; Schwärmen und Eiablage im Mai/Juni; auch an Esskastanie

VM: keine

GM: nicht erforderlich

Abb. 243: Gallenbildung durch Gallwespen

EM: a) Gemeine Eichengallwespe (*Cynips quercusfolii*): Blattgalle erst grün, dann rötlich braun, schwammig, innen Larve/Imago; b) Kugelgallwespe (*Andricus kollari*): Knospengalle anfangs grün, später gelbbraun, verholzend, innen Larve/Imago, später mit Ausflugsloch; c) Linsengallwespe (*Neuroterus quercus-baccarum*): Blattgalle scheibenförmig, in der Mitte buckelig erhöht; Seidenknopfgallwespe (*Neuroterus numismalis*): Blattgalle scheibenförmig, in der Mitte vertieft; Krempengallwespe (*Neuroterus albipes*): cremefarben, flach tellerartig, Rand aufgebogen, oft rosarot

VM: andere Gallen (LIT 4)

GM: nicht erforderlich

Abb. 244: Fraßschäden durch Eichenerdfloh (*Haltica quercetorum*)

EM: Fenster- oder Skelettierfraß (a); befallene Blätter werden braun und kräuseln sich; grünschwarze Larven im Sommer blattunterseits; ab August metallisch glänzende, blaue, 4 bis 5 mm große Käfer (b) mit Sprungvermögen
VM: *Caliroa annulipes* (Abb. 245)
GM: nicht erforderlich

Abb. 245: Fraßschäden durch Raupen der Kleinen Lindenblattwespe (*Caliroa annulipes*)

EM: auf der Blattunterseite gesellig fressende, 10 bis 20 mm lange, gelbbraune Larven (Afterraupen) mit schwarzbraunem Kopf; Körper mit glänzend hellem Schleim bedeckt, nacktschneckenartig; flächiger Schabe- oder Fensterfraß; Wespe 7 bis 8 mm, fast schwarz; mehrere Generationen im Jahr; wirtsspezifisch auf Eiche und Linde (vgl. Abb. 359)
VM: Befallsbild von Eichenerdfloh (Abb. 244); Eichenblattwespe (*Caliroa cinxia*): Kopf der Larve rotbraun
GM: nicht erforderlich

Abb. 246: Fraßschäden durch Feldmaikäfer (*Melolontha melolontha*)

EM: Blattfraß der Käfer (a, c) an Bäumen in Nähe von Eiablageplätzen, in Schwärmen ab April bis Mai nach drei- bis fünfjährigem Entwicklungszyklus; befressen werden neben Eiche auch Ahorn, Hainbuche, Rot-Buche, nicht aber Nadelbäume; Larven („Engerlinge“, b) an Wurzeln zahlreicher Gehölze und Rasen

VM: Waldmaikäfer (*Melolontha hippocastani*); Japankäfer (*Popillia japonica*), polyphage invasive Art mit hohem Schadpotenzial, Kopf, Halsschild und Beine metallisch grün (LIT 21)

GM: biologische Bekämpfung der Engerlinge mit insektenparasitären Nematoden oder insektenpathogenen Pilzen

Abb. 247: Raupen des Eichenprozessionsspinners (*Thaumetopoea processionea*)

EM: bei Laubaustrieb einsetzender Blattfraß durch gesellig auftretende Raupen, oft Kahlfraß; Raupen zunächst gelb-braun (a), später weißlich mit schwarzem Rückenstreif (b), bis 5 cm lang, bei Nahrungssuche in „Prozessionen“ wandernd; am Stamm gespinstartige, flache Nester (c); Häutung und Verpuppung dort; wärmeliebende Art; Vorkommen in Eichenwäldern, entlang von Alleen sowie in Parkanlagen. Achtung! Brennhaare verursachen starke Hautreizungen.

VM: andere blattfressende Raupen der Eichfraßgesellschaft (LIT 18)

GM: keine eigenen Bekämpfungsversuche; Gesundheitsgefahr; Kontaktaufnahme zu kommunal zuständigem Ordnungs- oder Gesundheitsamt

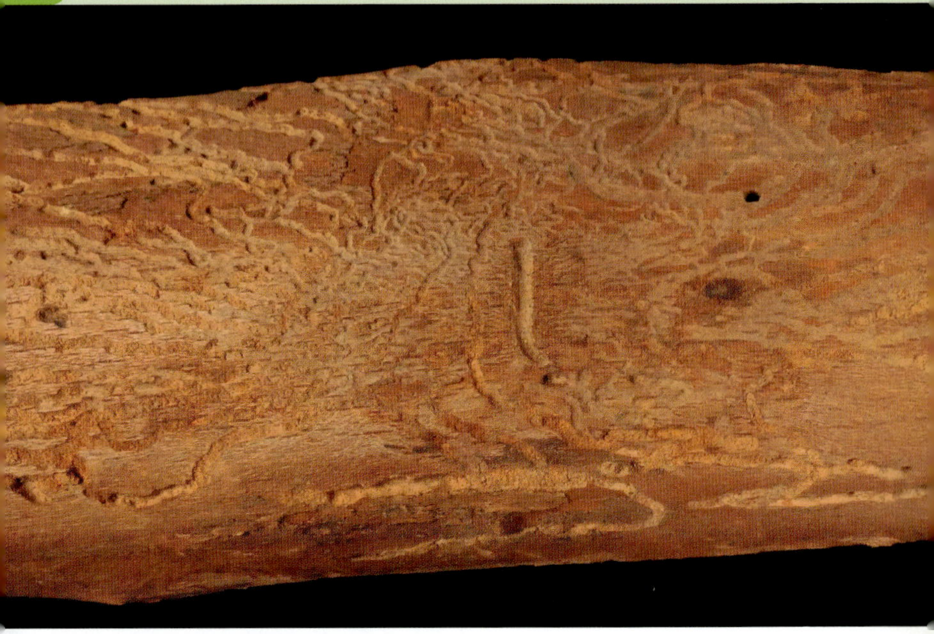

Abb. 248: Brutbild des Eichensplintkäfers (*Scolytus intricatus*)

EM: Sekundärschädling mit hohem Schadpotenzial an geschwächten Bäumen; Überträger von Pilzkrankheiten; häufiger nach Trockenheit; querliegende kurze Muttergänge und längslaufende, dicht gedrängte Larvengänge; Reifefraß der Jungkäfer an Astwinkeln ein- bis zweijähriger Triebe, diese vertrocknen und fallen ab (LIT 34)
VM: Frostschäden
GM: ausreichende Wasserversorgung, insbesondere nach der Pflanzung

Abb. 249: Blattverfärbung durch Spinnmilben-Befall

EM: zunächst auf die Umgebung der Blattadern begrenzte, hellgrüne, später flächige, hellgelbliche Verfärbung der Blätter; unterseits Milben und Exuvien
VM: Schäden durch Trockenheit und Hitze; Blattlaus-Befall
GM: nicht erforderlich

Abb. 250: Imagines, Larven und Kottropfen der Eichennetzwanze (*Corythucha arcuata*)

EM: blattoberseits helle, zusammenfließende Flecke, Aufhellung größerer Blattflächenanteile; Larven und Imagines blattunterseits; frühzeitiger Laubfall (LIT 40)

VM: andere saugende Insekten

GM: Entfernen abgeworfener Blätter mit Larven reduziert Ausbreitung und Vermehrung

Abb. 251: Holzfäule durch Eichenfeuerschwamm (a, b) und Eichenwirrling (c, d)

EM: a, b) *Fomitiporia* [*Phellinus*] *robustus*: harte, wulstige, mehrjährige Fruchtkörper mit grauer, durch Algenanflug oft grüner Oberseite und zimtbrauner, porentragender Unterseite (a); Weißfäuleerreger (b); Rinde und Kambium können absterben

c, d) *Daedalea quercina*: bis 20 cm große, blassbraune Konsolen mit lamellenartiger Unterseite (c); Braunfäuleerreger; an Stubben saprobisch (d)

VM: andere Porlingsarten (LIT 14)

GM: frühzeitige Ästung; baldige Holznutzung

Rhododendron (Rhododendron, Azalee)

- **an Blättern, Knospen, Blüten**
– interkostale Blattnekrosen durch Überhitzung (Sonnenbrand)
– an älteren Blättern zahlreiche kleine, rötliche Flecke; sortenspezifisch: vgl. Abb. 176
– hängende Blätter durch tiefe Temperaturen (Froststellung) oder akuten Wassermangel: Abb. 259
– chlorotische Blattverfärbung durch Eisen-/Manganmangel: Abb. 252
– weißlicher Überzug durch Echten Mehltaupilz (*Erysiphe azaleae*): Abb. 254
– schwärzlicher Blattbelag durch Rußtaupilze: Abb. 255
– sekundäre Pilzbesiedlung nach Sonnenbrand: Abb. 256
– blattunterseits gelbe Sporenpusteln von Alpenrosenrost (*Chrysomyxa rhododendri*) an laubabwerfenden Azaleen: LIT 31
– Knospenfäule durch Pilzinfektion (*Seifertia* [*Pycnostysanus*] *azaleae*): Abb. 253
– braune Blattfleckung durch Pilzinfektionen (z. B. *Colletotrichum gloeosporioides*): Abb. 257
– an Azaleen grünlich weiße, verdickte Blatt- und Blütenteile durch Pilzinfektion (*Exobasidium*-Arten): LIT 25
– chlorotische Blattsprenkelung durch Rhododendronnetzwanze (*Stephanitis oberti*): Abb. 262
– blattoberseits kleine, bräunliche Blattflecke durch Rhododendronzikade (*Graphocephala fennahi*): Abb. 260
– Platz- und Gangminen an Azaleen mit 1 cm langen, gelblich grünen Räupchen der Azaleenmotte (*Caloptilia azaleella*)
– Deformation junger Blätter durch Blattlaus-Befall
– Buchtenfraß an Blatträndern durch Käfer von Dickmaulrüsslern (*Otiorhynchus*-Arten): Abb. 261

- **an Trieben, Ästen**
– Welke und Absterben von Ästen; von der Blattbasis ausgehende Blattverfärbung durch Infektion mit *Phytophthora*-Arten: Abb. 258
– Absterben ganzer Pflanzen durch Hallimasch-Befall (*Armillaria*-Arten): vgl. Abb. 187c

- **an Stammbasis, Wurzeln**
– Wurzelhalsfäule durch *Phytophthora*-Arten: vgl. Abb. 337
– Fraßschäden an Wurzeln mit Welkesymptomen durch Larven von Dickmaulrüsslern (*Otiorhynchus*-Arten): vgl. Abb. 338

Abb. 252: Blattverfärbung durch Eisen-/Manganmangel, „Kalkchlorose", „Gelbsucht"

EM: Blattspreite diffus blass grüngelb verfärbt; Blattadern bis in feinste Verästelungen grün bleibend (b); auch buchtenartige, braune Blattrandnekrosen

VM: anderer Nährstoffmangel; akuter Immissionsschaden; Netzwanzen-Befall (Abb. 262)

GM: Verwendung eisenhaltiger Dünger; Kalkgaben vermeiden

Abb. 253: Knospenfäule durch Pilzinfektion (*Seifertia* [*Pycnostysanus*] *azaleae*)

EM: Blütenknospen sterben ab, werden braun; im zweiten Jahr auf den Knospenschuppen stiftförmige, 1 bis 2 mm hohe Koremien mit grauen oder schwarzen Sporenköpfchen; Infektion wird durch die Rhododendronzikade begünstigt (Abb. 260)

VM: Frostschaden

GM: Bekämpfung der Rhododendronzikade (Abb. 260)

Abb. 254: Weißlicher Blattüberzug oder Fleckung durch Echten Mehltaupilz (*Erysiphe azaleae*), hier auf *Rhododendron luteum*

EM: beidseitig weißliches Mycel (a), unterseits gelbe bis schwarze Kleistothecien (b); in Europa seit 1995
VM: andere Mehltauarten (LIT 10)
GM: Behandlung anfälliger Arten (z. B. *R. luteum, R. japonicum*) mit einem gegen Echte Mehltaupilze zugelassenen Fungizid

Abb. 255: Schwärzlicher Blattbelag durch Rußtaupilze (verschiedene Arten)

EM: blattoberseits fleckenartiger, oft zusammenfließender, abwischbarer Belag unterschiedlicher Dichte, verursacht durch verschiedene, epiphytisch lebende Pilzarten, gefördert durch den von saugenden Insekten ausgeschiedenen Honigtau; Schädigung gering
VM: Belag durch Staub
GM: Bekämpfung der begleitenden Blattläuse, Netzwanzen oder Schildläuse; Entfernen des schwarzen Belags mit feuchtem Tuch

Abb. 256: Pilzentwicklung nach abiotischer Vorschädigung durch Sonnenbrand

EM: auf sonnenbrandgeschädigten Blattspreiten (unteres Blatt im Bild) Entwicklung schwach pathogener Pilze, hier *Pestalotiopsis guepinii* mit spindelförmigen, bräunlichen, Anhängsel tragenden Konidien (ähnlich Tafel III/2); Ausbildung weißer Flecke durch Abheben der abgestorbenen Epidermis

VM: Blattflecke durch pathogene Pilze (Abb. 257)

GM: nicht erforderlich; bei Pflanzung Bevorzugung schattiger Lagen

Abb. 257: Blattfleckung durch primären Pilzbefall (*Colletotrichum gloeosporioides*)

EM: anfangs kleine, rotbraune Flecke (a); später größere Nekrosen (b); Konidien (Tafel I/5) in Pyknidien

VM: zahlreiche andere Pilzarten (LIT 9, 17)

GM: befallene Blätter entfernen; dauernd feuchte Lagen meiden

Abb. 258: Absterbeerscheinungen durch Infektion mit *Phytophthora*-Arten

EM: welkende, herabhängende Blätter, erst fahlgrün oder gelblich, dann braun werdend; Triebe sterben ab

VM: Trockenheit (Abb. 259)

GM: erkrankte Äste entfernen, evtl. ganze Pflanze roden

Abb. 259: Trockenschäden durch mangelnde Wasserversorgung

EM: herabhängende, welkende Blätter durch unzureichende Wasserversorgung, z. B. nach Neupflanzung (Bild) oder nach längeren, sommerlichen Trockenperioden; meist vorübergehendes, reversibles Symptom

VM: „Froststellung" der Blätter bei tiefen Temperaturen im Winter; Anfangsstadium einer *Phytophthora*-Erkrankung; Wurzelschädigung durch Dickmaulrüsslerlarven

GM: ausreichende Wasserzufuhr

Abb. 260: Blattsprenkelung durch Rhododendronzikade (*Graphocephala fennahi*, Syn. *G. coccinea*)

EM: blattoberseits kleine, braune Flecke, unterseits dunkelbraune, punktförmige Flecke durch Saugtätigkeit gelblicher Larven; Häutungsreste (a, Pfeil); Imago ca. 9 mm lang, streifenartig grün und rot gezeichnet (b), bei Störung kurz auffliegend; begünstigt die Knospenfäule (Abb. 253)

VM: Rhododendronnetzwanze (Abb. 262); Kaliummangel

GM: Behandlung mit einem gegen saugende Insekten zugelassenen Insektizid

Abb. 261: Fraßschäden durch Dickmaulrüssler (*Otiorhynchus*-Arten)

EM: an Blatträndern Buchtenfraß durch dunkel gefärbte Käfer mit rüsselartig verlängertem Kopf (Abb. 335a, d); Larven fressen an Wurzeln; Fraßschäden auch an anderen Gehölzen und Kräutern

VM: Blattschäden durch Raupen; Wurzelschäden durch Engerlinge

GM: Käfer frühmorgens oder abends absammeln; biologische Bekämpfung der Larven mit insektenparasitären Nematoden

Abb. 262: Saugschäden durch Rhododendronnetzwanze (*Stephanitis oberti*)

EM: blattoberseits je nach *Rhododendron*-Art weißliche bis grünlich gelbe Sprenkelung, auch partielle Vergilbung (a); unterseits braune, zu teerartiger Masse eintrocknende Kottropfen; Wanzen flach, bis zu 4 mm lang; Flügel durchsichtig, mit je zwei schwärzlichen Querbändern; Halsblase hellbraun; Larven schwärzlich, seitlich mit Dornen (b)

VM: *Stephanitis takeyai* (Abb. 188): Halsblase schwarz; *Stephanitis rhododendri*: nur ein dunkles Band im vorderen Bereich der Flügel; Schadbild ähnlich Rhododendronzikaden-Befall (Abb. 260)

GM: befallene Blätter entfernen; Larven zerdrücken; Behandlung mit einem gegen saugende Insekten zugelassenen Insektizid

Ribes (Johannisbeere, Stachelbeere)

- **an Blättern, Knospen, Blüten**
- – Blattrandverfärbung durch Kaliummangel: Abb. 263
- – weißlicher bzw. bräunlicher Blattüberzug durch Echte Mehltaupilze (*Erysiphe* [*Microsphaera*] *grossulariae* bzw. *Podosphaera mors-uvae*): Abb. 264
- – gelbbraune Sporenlager blattunterseits durch Johannisbeerrost (*Cronartium ribicola*): Abb. 265
- – bräunliche Flecke, Blattvergilbung durch Pilzinfektion (*Drepanopeziza* [*Gloeosporidiella*] *ribis*): Abb. 266
- – Blattdeformation durch Blattläuse (*Cryptomyzus*-Arten): Abb. 267
- – helle Sprenkelung, verkleinerte Blätter durch Obstbaumspinnmilbe (*Panonychus ulmi*)

- **an Trieben, Ästen, am Stamm**
- – weiße, wollige Überzüge durch Maulbeerschildlaus (*Pseudaulacaspis pentagona*): vgl. Abb. 71
- – kugelige Anschwellungen an Trieben durch Bakterieninfektion (*Rhodococcus* [*Corynebacterium*] *fascians*): Abb. 268
- – nach Rückschnitt Zurücksterben von Zweigenden durch *Diaporthe strumella*: schwarze Stromata; Ascosporen farblos, zweizellig
- – krebsartige Astanschwellungen, „Obstbaumkrebs“ (*Neonectria ditissima*): vgl. Abb. 131a
- – an der Basis alter Sträucher ockergelbe Konsolen vom Stachelbeerfeuerschwamm (*Phylloporia* [*Phellinus*] *ribis*)

Abb. 263: Blattrandverfärbung durch Kaliummangel

EM: vom Blattrand ausgehende Verfärbung und Vertrocknung ohne scharfe Abgrenzung; je nach *Ribes*-Sorte rötlich braun bis rein braun; Blätter verformen sich

VM: anderer Nährstoffmangel; Trockenheit

GM: bedarfsgerechte Düngung nach vorheriger Boden- oder Blattanalyse; ausreichende Wasserversorgung

Abb. 264: Weiße oder braune Mycelüberzüge durch Echte Mehltaupilze

EM: a, b) „Europäischer Stachelbeermehltau" (*Erysiphe* [*Microsphaera*] *grossulariae*): auf deformierten Blättern beidseitig weiß bleibendes, flaches Mycel mit zylindrischen Konidien; seltener Kleistothecien mit verzweigten Anhängseln
c) „Amerikanischer Stachelbeermehltau" (*Podosphaera mors-uvae*): auf Blättern, Stängeln und Früchten bräunlich werdendes, filzartiges Mycel; frühe Bildung von braunen Kleistothecien mit unverzweigten Anhängseln

VM: wechselseitig (LIT 10)

GM: Wahl widerstandsfähiger Sorten; Rückschnitt stark befallener Triebe

Abb. 265: Blattfleckung durch „Johannisbeerrost" (*Cronartium ribicola*)

EM: blattunterseits gelbe Uredolager; später dort Teleutolager (b) in Form gekrümmter Teleutosporensäulchen (daher auch „Säulenrost"); Wirtswechsel mit fünfnadeligen Kiefern (LIT 11)

VM: andere Rostpilzarten (z. B. *Melampsora ribesii*-Formenkreis: nur Aecidienbildung, Wirtswechsel mit Weiden-Arten: LIT 25)

GM: räumliche Trennung von Johannisbeere und fünfnadeligen Kiefern; Sortenwahl

Abb. 266: Blattfleckung, Vergilbung und Blattfall durch Pilzinfektion (*Drepanopeziza* [*Gloeosporidiella*] *ribis*)

EM: blattoberseits rundliche, 1 bis 2 mm große, bräunliche Flecke; Blätter vergilben, fallen vorzeitig ab, vor allem auf trockenen Standorten; Fruchtkörper blattunterseits; Konidien sichelförmig, zusätzlich Mikrokonidien (Tafel II/19); ab Spätsommer oft seuchenartig auftretend

VM: *Gloeosporidiella variabilis*: auf *Ribes alpinum*, Makrokonidien sichelförmig, Mikrokonidien fehlen

GM: Falllaub beseitigen

Abb. 267: Blattverfärbung und -verformung durch Alpenjohannisbeerlaus (*Cryptomyzus korschelti*)

EM: Blätter mit rötlichen, blasigen Aufwölbungen (a), unterseits orangegelbe, geflügelte sowie ungeflügelte Läuse (b)

VM: *Cryptomyzus ribis:* Läuse gelblich grün, nur auf *R. rubrum*

GM: Triebspitzen abschneiden bzw. Heckenschnitt im Juni/Juli

Abb. 268: Gallenartige Anschwellungen durch Bakterieninfektion (*Rhodococcus* [*Corynebacterium*] *fascians*

EM: an der Basis von Trieben bis 1 cm große, rundliche Verdickungen, oft zu mehreren gehäuft; apikale Triebteile verkümmern; Oberfläche warzenartig, aus zahlreichen, nicht austreibenden Knospen bestehend; Inneres anfangs weichfleischig, später verholzend; meist nach Heckenschnitt (fördert Wundinfektionen!)

VM: keine

GM: befallene Triebe entfernen, nicht kompostieren; zurückhaltender Heckenschnitt

Robinia (Robinie, Scheinakazie)

- **an Blättern, Knospen, Blüten**

– Blattvergilbung durch Eisen-/Manganmangel: vgl. Abb. 239
– chlorotische Blattfleckung durch Robinienmosaikvirus: LIT 16
– weißliche Überzüge auf Blattober- oder -unterseite durch Echten Mehltaupilz (*Erysiphe robiniae*): LIT 10
– chlorotische Blattfleckung durch Falschen Mehltau (*Peronospora cytisi*)
– hellbraune Blattflecke, Blattkräuselung an jungen Fiederblättchen durch Pilzinfektion (*Phloeospora robiniae*): Abb. 269a
– ab Spätsommer rundliche, dunkel violette Flecke durch Pilzinfektion (*Phyllosticta advena*): Abb. 269b
– graue, glanzlose Blattverfärbung und Blattrandverkrümmung durch Borstige Robiniengallmilbe (*Vasates allotrichus*): Abb. 270
– an Trieben Kolonien der Schwarzen Bohnenlaus (*Aphis fabae*): vgl. Abb. 102b; in Stadtgebieten lästig durch Honigtauproduktion
– Blattfraß durch Larven der Robinienblattwespe (*Nematus tibialis*)
– glattrandige, ovale, weiße Platzminen mit Raupen der Robinienminiermotte (*Macrosaccus robiniella*): Abb. 271a
– fingerförmig berandete, weißliche Platzminen mit Raupen der Nordamerikanischen Miniermotte (*Parectopa robiniella*): Abb. 271b
– nach unten eingerollte, vergallte Blattränder mit Larven oder Puppen der Robiniengallmücke (*Obolodiplosis robiniae*): Abb. 272

- **an Ästen, am Stamm**

– Triebwelke und Zweigsterben, Absterben jüngerer Bäume; auf Astquerschnitt braune Fleckung im Leitbündelbereich durch Welkepilz (*Verticillium dahliae*): vgl. Abb. 22a
– Absterben von Ästen; auf toter Rinde rote, stecknadelkopfgroße Fruchtkörper vom „Rotpustelpilz" (*Nectria cinnabarina*): vgl. Abb. 17
– Absterben von Ästen; am Stamm Rindennekrosen, „Käfergrind"; unter der Rinde dichtgedrängte Fraßgänge mit Larven des Bunten Eschenbastkäfers (*Hylesinus fraxini*, Syn. *Leperesinus varius*): LIT 18
– außen am Stamm konsolenförmige, gelbliche Pilzfruchtkörper des Schwefelporlings (*Laetiporus sulphureus*): Abb. 273a
– in der Krone große, wintergrüne Büsche der Laubholz-Mistel (*Viscum album*): vgl. Abb. 360

- **an Stammbasis, Wurzeln**

– Stock- und Wurzelfäule; am Stammfuß konsolenförmige Fruchtkörper von Eschenbaumschwamm (*Vanderbylia* [*Perenniporia*] *fraxinea*): Abb. 273b

Abb. 269: Blattschäden durch verschiedene Blattfleckenpilze

EM: a) *Phloeospora robiniae*: ab Frühjahr hellbraune Flecke auf verkrümmten Blättern; gelbe Fruchtkörper mit mehrzelligen Konidien (Tafel II/15)

b) *Phyllosticta advena*: ab Spätsommer violettschwarze Flecke; Konidien einzellig

GM: nicht erforderlich

Abb. 270: Blattsprenkelung und -deformation durch Borstige Robiniengallmilbe (*Vasates allotrichus*)

EM: bräunliche Verfärbung an der Basis von Fiederblättchen; Milben freilebend, hellgelb, walzenförmig, mit 45 Abdominalsegmenten

VM: *Vasates robiniae*: Sprenkelung auf ganzer Blattspreite, Fiederblättchen gekräuselt und stark eingerollt; Milben auf ganzer Blattfläche; *Phloeospora robiniae* (Abb. 269a)

GM: nicht erforderlich

Abb. 271: Minierfraßschäden durch Raupen von Robinienminiermotten

EM: a) *Macrosaccus robiniella*: gesprenkelte Flecke blattoberseits, weiße Platzminen ohne Ausbuchtungen unterseits; im Inneren gelbliche, 3 bis 5 mm lange Larve; Verpuppung in der Mine (LIT 28)

b) *Parectopa robiniella*: fingerförmig geformte, weißliche Platzminen mit grünlich gelber Larve; aus Nordamerika stammend; seit 1970 in Europa

GM: Falllaub beseitigen, nicht selbst kompostieren

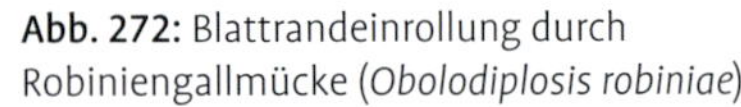

Abb. 272: Blattrandeinrollung durch Robiniengallmücke (*Obolodiplosis robiniae*)

EM: einseitig oder beidseitig an den Rändern der Fiederblättchen auftretende, verdickte Einrollungen; die nach unten eingeschlagenen Blattränder enthalten meist mehrere, weiße, später hellgelbe Larven oder orange gefärbte Puppen; Befallsförderung durch heiße, trockene Sommer (LIT 6, 28).

VM: Gallmilben-Befall (Abb. 270); Robinienminiermotten (Abb. 271)

GM: nicht erforderlich

Abb. 273: Holzfäule durch Schwefelporling (a) bzw. Eschenbaumschwamm (b)

EM: a) *Laetiporus sulphureus*: Fruchtkörper bis 40 cm breit, oft dachziegelig am Stamm, gelborange, weißlich ausblassend; einjähriger Braunfäuleerreger; an Laubbäumen mit Farbkern (z. B. Robinie, Eiche)

b) *Vanderbylia* [*Perenniporia*] *fraxinea*: Fruchtkörper konsolenförmig, bis 20 cm, oberseits bräunlich, unterseits heller; am Stammfuß älterer Bäume; Weißfäuleerreger

GM: Entnahme nicht standsicherer Bäume

Rosa (Rose)

- **an Blättern, Knospen, Blüten**
– Spätfrostschäden: Abb. 276
– Herbizidschäden: Abb. 277
– Blattvergilbung durch Eisenmangel: Abb. 274
– dunkle Sprenkelung auf Blütenblättern durch Regen: Abb. 293
– chlorotische Fleckung oder Linien durch Virusinfektion: Abb. 275
– weißlicher, mehlartiger Überzug durch Echten Mehltaupilz (*Podosphaera pannosa*): Abb. 287
– violette Fleckung blattoberseits durch Falschen Mehltau (*Peronospora sparsa*): Abb. 288
– dunkle Flecke durch „Sternrußtau" (*Diplocarpon rosae*): Abb. 289
– weißliche, dunkel umrandete Flecke durch Pilzinfektion (*Elsinoe* [*Sphaceloma*] *rosarum*): Abb. 290
– Rostpilzinfektion durch *Phragmidium*-Arten: Abb. 291
– weißliche Blattsprenkelung durch Rosenzikade (*Edwardsiana* [*Typhlocyba*] *rosae*): Abb. 281
– Blattfleckung, Knospen- und Triebfäule durch Grauschimmel (*Botrytis cinerea*): Abb. 292
– Blattkräuselung, Triebspitzenbefall durch Große Rosenblattlaus (*Macrosiphum rosae*): Abb. 278
– Blattrollung durch Rosenblattrollwespe (*Blennocampa phyllocolpa, B. pusilla*): Abb. 284
– Schabe- oder Fensterfraß durch Rosenblattwespe (*Cladius pectinicordis*): Abb. 282
– rot-grüne „Schlafäpfel" durch Larven der Rosengallwespe (*Diplolepis rosae*): Abb. 286
– Loch- und Blattrandfraß durch Larven der Rosensägewespe (*Allantus cinctus*): Abb. 285
– weißliche Platzminen durch Rosenminiermotte (*Tischeria angusticollella*): vgl. Abb. 242
– geschlängelte Gangminen durch Rosenblattminiermotte (*Stigmella anomalella*): Abb. 283
– Abknicken von Knospen durch Himbeerblütenstecher (*Anthonomus rubi*)

- **an Trieben, Zweigen, Ästen**
– Triebsterben durch Frost
– dunkle Rindenläuse (*Maculolachnus submacula*), oft bodennah: Abb. 279
– Zweigsterben durch verschiedene Pilzarten: Abb. 294
– Saugschäden durch Wiesenschaumzikade (*Philaenus spumarius*): weiße Schaummasse
– Triebsterben, Triebverkrümmung durch Abwärtssteigenden Rosentriebbohrer (*Ardis brunniventris*): Abb. 280
– Triebverkrümmung durch Larven der Rosenbürstenhornblattwespe (*Arge ochropus*): LIT 31
– Kolonien grauweißer Schilde der Kleinen Weißen Rosenschildlaus (*Aulacaspis rosae*): Abb. 295

- **an Wurzeln**
– Wurzelfraßschäden durch Engerlinge des Gartenlaubkäfers (*Phyllopertha horticola*): LIT 31
– Wurzelkropf (Bakterienkrebs), vorwiegend am Wurzelhals, auch an oberirdischen Pflanzenteilen durch *Rhyzobium radiobacter*, Syn. *Agrobacterium tumefaciens;* kann in frühem Stadium mit Wundkallus verwechselt werden

Abb. 274: „Gelbsucht“ durch Eisenmangel („Kalkchlorose“)

EM: grüngelbe Verfärbung einzelner Äste (a), Blattadern bleiben grün (b); auf Kalkstandorten; auch nach Rindenschäden (Nährstoffunterbrechung)

VM: Herbizidschaden (Abb. 277)

GM: rechtzeitige Ausbringung eisenhaltiger Dünger; keine Kalkgaben

Abb. 275: Blattverfärbung durch Virusinfektion (Rosenmosaikvirus, Nekrotisches Ringfleckenvirus der Kirsche u. a.)

EM: scharf begrenzte, chlorotische Linien, Flecke oder Ringmuster; in anderen Fällen chlorotische Adernverfärbung, Scheckung, Blattdeformation

VM: keine

GM: Entnahme erkrankter Rosen

Abb. 276: Blattverfärbung und Missbildung durch Spätfrost

EM: neugebildete Triebe nach Frostnächten im Frühjahr welk und verkrümmt; junge Blätter deformiert und verfärbt; bei stärkerem Frost Triebsterben und Blattnekrosen; sortenabhängig

VM: Herbizidschaden (Abb. 277)
GM: Sortenwahl

Abb. 277: Fadenblättrigkeit durch fehlerhafte Anwendung von Herbiziden (hier durch Wirkstoff Glyphosat)

EM: vermehrter Blattaustrieb sowie Deformation und Missbildungen von Knospen und Blättern
VM: Frostschaden (Abb. 276)
GM: Vermeidung durch sachgerechte Herbizidanwendung

Abb. 278: Große Rosenblattlaus (*Macrosiphum rosae*)

EM: flügellose Läuse grün (a) oder rosarot (b), in Kolonien auftretend; Siphonen anfangs an der Spitze schwarz, später homogen schwarz; Überwinterung im Eistadium; Eier glänzend schwarz; an unverholzten Trieben; kein Wirtswechsel
VM: andere Läusearten: Siphonen hell

GM: mechanisches Entfernen mittels Wasserstrahl oder durch Zerquetschen; Schonung, Förderung und Einsatz von Nützlingen; evtl. Behandlung mit einem gegen Blattläuse an Zierpflanzen zugelassenen Insektizid

Abb. 279: Saugschäden durch Rosenrindenlaus (*Maculolachnus submacula*)

EM: auf verholzten Trieben hell- bis dunkelbraune Rindenläuse; Wintereier eiförmig, 1 mm lang, anfangs orange, später glänzend schwarz, meist in größeren Kolonien, teils unterirdisch
VM: Große Rosenblattlaus (Abb. 278): an Knospen und grünen Trieben
GM: befallene Triebe ausschneiden

Abb. 280: Triebsterben durch Abwärtssteigenden Rosentriebbohrer (*Ardis brunniventris*)

EM: befallene Triebe welken, verfärben sich und sterben ab; Verlust des Endtriebes führt zur Entwicklung von Seitentrieben; Einbohrloch der Junglarven an der Triebspitze; Larve im Trieb von oben nach unten fressend; später im abgestorbenen Trieb bräunlich weiße Afterraupe mit Kotballen; Larve verlässt nach 3 Wochen den Trieb durch ein basal gelegenes Austrittsloch; Überwinterung und Verpuppung im Erdboden; Wespe schwarz

VM: Frostschaden; Aufwärtssteigender Triebbohrer (*Cladardis elongatula*): Einbohrloch an der Blattansatzstelle

GM: Entfernen befallener Triebe

Abb. 281: Saugschäden durch Rosenzikade (*Edwardsiana [Typhlocyba] rosae*)

EM: weißliche Sprenkelung blattoberseits, teilweise zusammenfließend; bei starkem Befall Vertrocknung; unterseits 3 bis 4 mm große, grüngelbe Zikaden oder kleinere, weißliche Larven, bei Störung abspringend; weiße Larvenhüllen; häufiger und wertmindernder Schädling; auch auf Weißdorn, Mehlbeere und Vogelbeere

VM: Gemeine Spinnmilbe (*Tetranychus urticae*): Milben bis 0,6 mm groß, grüngelb

GM: nicht erforderlich

Abb. 282: Fraßschäden durch Larven der Rosenblattwespe (*Cladius pectinicordis*)

EM: an Blättern Fensterfraß (oberseitige Epidermis bleibt erhalten), dann Kahlfraß durch grünliche Larven (b); Verpuppung im Boden; Wespe schwarz, 5 mm lang

VM: Schadbild der Schwarzen Rosenblattwespe (vgl. Abb. 359)

GM: befallenes Material beseitigen

Abb. 283: Fraßschäden durch Raupen der Rosenblattminiermotte (*Stigmella anomalella*)

EM: blattoberseits schmale, hellbräunliche Gangminen, die sich allmählich verbreitern, mit schmalem Kotband in der Mitte; Raupe gelb mit braunem Kopf, ausgewachsen 5 mm lang; Verpuppung im Kokon an Blattstielen; Falter bräunlich bis goldfarben; Flug im Mai und August; Schaden durch ästhetische Wertminderung

VM: andere Minierer

GM: Entfernen befallener Blätter

Abb. 284: Blattrollen durch Rosenblattrollwespe (*Blennocampa phyllocolpa*, Syn. *B. pusilla*)

EM: Blättchen röhrenförmig eingerollt; in der Rolle bis 10 mm lange, grünliche Larve (Afterraupe) mit kurzen Rückenborsten; Wespe schwarz, 3 bis 5 mm lang

VM: Brauner Rosenwickler (*Archips rosana*): Rücken der Raupe ohne Borsten

GM: befallene Blätter entfernen

Abb. 285: Fraßschäden durch Rosensägewespe (*Allantus cinctus*)

EM: Loch-, Rand- und Kahlfraß durch grüne, in Ruhe gerollte Larve (Pfeil); Verpuppung in Fraßgängen von Zweigen; Wespe glänzend schwarz, Weibchen mit weißem Band am Hinterleib (daher auch „Weißband-Rosenblattwespe“)

VM: Rosenblattschneiderbiene, „Tapezierbiene“ (*Megachile centuncularis*): halbkreisförmig ausgeschnittene Blattteile werden zum Bau der fingerhutförmigen Brutkammern im Boden verwendet; Biene schwarz

GM: Larven absammeln; befallene Triebe entfernen

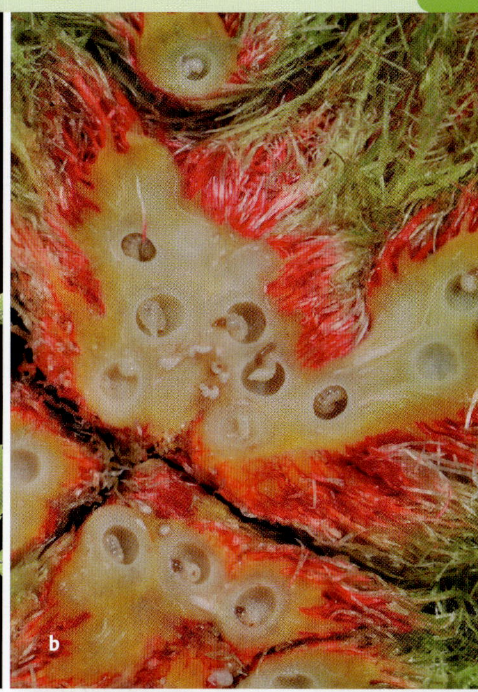

Abb. 286: Gallenbildung durch Gemeine Rosengallwespe (*Diplolepis rosae*), „Schlafapfel"

EM: Knospen schwellen nach Eiablage zu 3 bis 8 cm großen, moosartigen Gallen an, bestehend aus grünlich gelben, später hell- bis dunkelroten, verzweigten Fasern (a); im Inneren mehrere, kirschkernartige, verholzende Kammern mit je einer weißen Larve (b, Galle aufgeschnitten); Verpuppung im folgenden Frühjahr; Wespen schlüpfen im Mai; meist parthenogenetische Fortpflanzung; alte Gallen werden braun, verwittern (c), verbleiben aber noch längere Zeit am Strauch; Triebe über der Galle sterben ab; Vorkommen meist nur an Wildrosen (nach altem Volksglauben sollen „Schlafäpfel" Verhexungen lösen und beruhigend wirken)

VM: keine

GM: nicht erforderlich

Abb. 287: Blatt- und Triebschäden durch Echten Mehltaupilz (*Podosphaera pannosa*)

EM: an Trieben, Knospen (a) sowie auf Blüten und Laubblättern (b) mehlartige Flecke oder weißer Belag; Konidien kettenförmig (Tafel II/13)

VM: Falscher Mehltau (*Peronospora sparsa*): Abb. 288

GM: Wahl resistenter Sorten; Falllaub entfernen; Behandlung mit einem gegen Echten Mehltau zugelassenen Fungizid

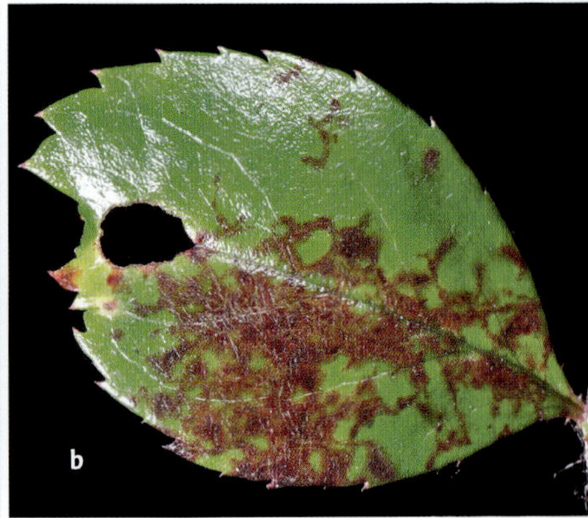

Abb. 288: Blatt- und Triebschäden durch Falschen Mehltau (*Peronospora sparsa*)

EM: blattoberseits sowohl eckige, violette Blattflecke (a) als auch strichelartige Verfärbungen (b); Befall auch an jungen Stängeln; blattunterseits grauer Pilzrasen; Blattnekrosen

VM: Sternrußtau (Abb. 289)

GM: Sortenwahl; Blattnässe vermeiden; Anwendung eines gegen Falschen Mehltau zugelassenen Fungizids

Abb. 289: Blattfleckung durch „Sternrußtau" (*Diplocarpon rosae*)

EM: dunkelbraune, bäumchenartig verzweigte (a) oder glattrandige Flecke; vorzeitige Vergilbung (b); Blattfall; Verbreitung durch die Nebenfruchtform *Marssonina rosae* (Tafel I/21)

VM: *Elsinoe* [*Sphaceloma*] *rosarum* (Abb. 290): Flecke im Zentrum kalkweiß

GM: Wahl resistenter Sorten; befallene Blätter entfernen; ab Blattaustrieb wiederholte Behandlung mit einem Fungizid gegen Sternrußtau

Abb. 290: Helle Blattfleckung durch Pilzinfektion (*Elsinoe* [*Sphaceloma*] *rosarum*)

EM: blattoberseits kalkweiße Flecke mit dunklem Rand; Befall auch von Knospen; bei anfälligen Sorten (z. B. *Rosa-centifolia*-Cultivare) Verunzierung der ganzen Pflanze; Fruchtkörper gelblich mit einzelligen Konidien (Tafel I/22)

VM: Sternrußtau (Abb. 289)

GM: bei anfälligen Sorten frühzeitige Behandlung mit einem Fungizid gegen pilzliche Blattfleckenerreger

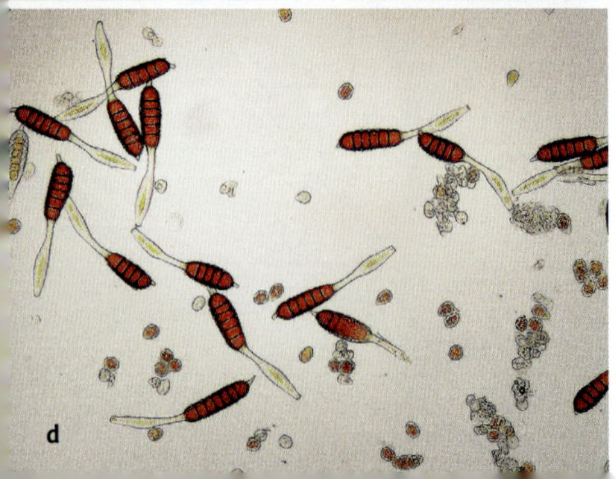

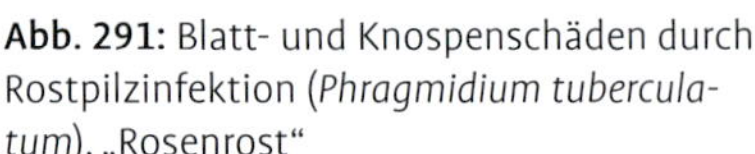

Abb. 291: Blatt- und Knospenschäden durch Rostpilzinfektion (*Phragmidium tuberculatum*), „Rosenrost“

EM: im Frühjahr an Knospen, Trieben oder Blattrippen orangegelbe, aufplatzende Aecidien (a); im Sommer blattoberseits gelbliche oder rötlich braune Flecke (b) sowie blattunterseits gelbe, erhabene Uredolager (c) mit relativ kleinen, rundlichen Uredosporen (d); ab Spätsommer schwärzliche Teleutolager (c) mit rot- bis schwarzbraunen, mehrzelligen Teleutosporen mit aufgesetzter Spitze (d); Blätter vergilben; kein Wirtswechsel; unterschiedliche Sortenanfälligkeit

VM: *Phragmidium mucronatum* oder andere Arten (LIT 25)

GM: Wahl resistenter Sorten; befallene Triebe ausschneiden; bei starkem Befall Anwendung eines gegen Rostpilze zugelassenen Fungizids

Abb. 292: Knospen-, Blatt- und Stielfäule durch *Botrytis-cinerea*-Infektion, „Grauschimmel"

EM: Blütenknospen werden braun, vertrocknen; Blütenstiele knicken um (a); auf Blättern braune Flecke (b); bei hoher Feuchtigkeit grauer Schimmelrasen

VM: andere pilzliche Infektionen

GM: befallene Pflanzenteile entfernen

Abb. 293: Regenschäden an Blütenblättern

EM: nach mehreren Regen- oder Nebeltagen auftretende, sprenkelartig verteilte, kleine, dunkle Flecke, die durch lang andauernde Blattnässe verursacht sind; nicht parasitär

VM: graue Flecke durch Echten Mehltau

GM: nicht erforderlich

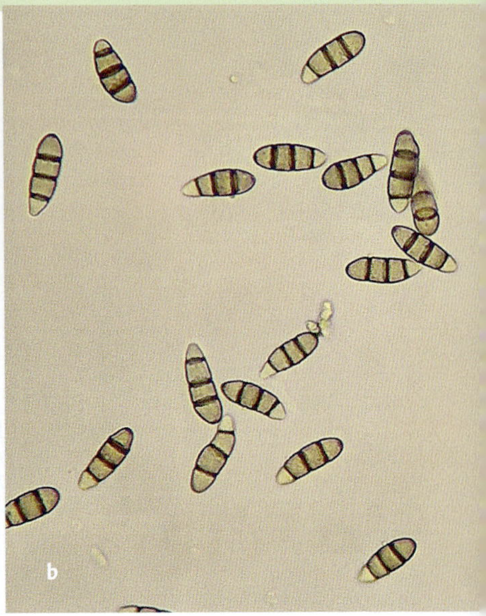

Abb. 294: Rindenflecke, Triebsterben durch Pilzinfektion

EM: an vorjährigen Trieben braune Nekrosen bevorzugt im Bereich von Augen oder unterhalb von Schnittstellen (a); häufigster Schwächeparasit *Discostroma corticale*, Syn. *Seimatosporium lichenicola*: Konidien braun, mit drei Quersepten (b); weitere Pilzarten: *Coniothyrium wernsdorffiae*: Konidien eiförmig, gelbbraun; *Myxosporium rosae*: Konidien zylindrisch, farblos

VM: Frostschaden; pilzliche Erreger untereinander

GM: befallene Triebe entfernen

Abb. 295: Saugschäden durch Kleine Weiße Rosenschildlaus (*Aulacaspis rosae*)

EM: auf Rosenstämmchen weißliche, krustenartige Kolonien verschieden geformter Schildläuse: weibliche Schilde kreisförmig bis oval, bis 2,5 mm groß; Schilde der Männchen länglich und nur 0,8 × 0,3 mm groß; Triebe werden verunstaltet, Pflanze verliert ihre Wuchskraft

VM: Maulbeerschildlaus (vgl. Abb. 71)

GM: schwer bekämpfbar; Entfernen befallener Triebe; Insektizideinsatz im Larvenstadium (Spätsommer)

Salix (Weide)

- **an Blättern, Knospen, Blüten**
– Stauchung und Deformation von Trieben und Blütenkätzchen durch Weidengallmilbe (*Stenacis triradiatus*): Abb. 296
– weißliche Blattflecke oder Überzüge durch Echten Mehltaupilz (*Erysiphe adunca*): Abb. 305
– gelbliche Sporenlager blattunterseits durch Rostpilzinfektion (*Melampsora salicina*): Abb. 303
– schwarze Blattflecke durch Pilzinfektion (*Rhytisma salicinum*): Abb. 304
– braune Blattsprenkelung durch Pilzinfektion (*Monostichella salicis*): Abb. 306
– bronzefarbene Blattsprenkelung durch Weidenspinnmilbe (*Schizotetranychus schizopus*): Abb. 299
– Blattfraß durch Kleine Weidenblattwespe (*Nematus pavidus*)
– bohnenförmige Blattgallen durch Weidenblattgallwespe (*Pontania proxima*): Abb. 300
– Loch- und Skelettierfraß durch Blauen Weidenblattkäfer (*Phratora vulgatissima*): Abb. 297
– zahlreiche kleine Fraßstellen durch Weidenflohkäfer (*Chalcoides aurata*): Abb. 298
– Blattschäden durch Fraß von Schmetterlingsraupen

- **an Trieben**
– bandartige Triebabflachung und Triebkrümmung: Abb. 309
– schorfartige, schwärzliche Rindennekrosen durch Pilzinfektion (*Drepanopeziza sphaerioides*, Syn. *Marssonina salicicola*): Abb. 307
– Spitzendürre durch Pilzinfektion (*Venturia [Pollaccia] saliciperda*): Konidien braun, zweizellig (Tafel II/16)
– Triebsterben durch Pilzinfektion (*Plagiostoma salicellum*, Syn. *Cryptodiaporthe salicella*): Abb. 308
– Rindennekrosen und Triebsterben durch „Rutenbrenner“ (*Glomerella cingulata*, Syn. *Colletotrichum gloeosporioides*): Konidien Tafel I/5
– Triebmissbildung, „Wirrzöpfe“ durch Weidengallmilbe (*Stenacis triradiatus*): Abb. 296

- **an Ästen, am Stamm, im Holz**
– Kronenwelke und Absterben von Bäumen durch Befall holzbewohnender Insektenlarven: Weidenbohrer (*Cossus cossus*): Abb. 301 oder Citrusbockkäfer (*Anoplophora chinensis*): Abb. 302
– Fäule im Stamm durch holzzersetzende Pilze:
Austernseitling (*Pleurotus ostreatus*): Abb. 310,
Rötende Tramete (*Daedaleopsis confragosa*): Abb. 311,
Gemeiner Feuerschwamm (*Phellinus igniarius*): Abb. 312a,
Anistramete (*Trametes suaveolens*): Abb. 312c oder
Schwefelporling (*Laetiporus sulphureus*): vgl. Abb. 273a

Abb. 296: Missbildung und Absterben von Seitentrieben und Kätzchen durch Weidengallmilbe (*Stenacis triradiatus*)

EM: Umwandlung von Seitentrieben in gestauchte „Wirrzöpfe“ mit zahlreichen, verkleinerten, dicht gedrängt stehenden Blättchen, innen Gallmilben (a); gekröseartige, kugelige Anschwellung von Blütenkätzchen (b); Gallen sterben über Winter ab (c), verholzen und werden braun (LIT 4)

VM: Wucherungen durch *Rhizobium radiobacter*, Syn. *Agrobacterium tumefaciens* (vgl. Abb. 48)

GM: nicht erforderlich

Abb. 297: Fraßschäden durch Blauen Weidenblattkäfer (*Phratora vulgatissima*)

EM: an jungen Blättern Schabe- oder Skelettierfraß (a) durch blaue, metallisch glänzende, 4 bis 5 mm große Käfer (b) oder schwarze, gesellig fressende Larven; Schadstellen bräunlich

VM: andere Blattkäfer
GM: nicht erforderlich

Abb. 298: Fraßschäden durch Weidenflohkäfer (*Chalcoides aurata*)

EM: durch Schabe- oder Lochfraß zahlreiche kleine, rundliche Löcher, verursacht durch 3 bis 4 mm große, grünlich schwarze Käfer mit rötlichem Thorax; Käfer bei Störung rasch abspringend (charakteristisches Merkmal!); verbreitete und lokal häufige Art
VM: andere blattfressende Käferarten
GM: nicht erforderlich

Abb. 299: Blattfleckung durch Weidenspinnmilbe (*Schizotetranychus schizopus*)

EM: gelbliche Fleckung blattoberseits (a) durch Saugtätigkeit rötlicher Milben unterseits; im Sommer Eier weißlich (b), überwinterte Eier orangerot; Bildung feiner Gespinste; auf schmalblättrigen Weiden

VM: Pappelspinnmilbe (*Eotetranychus populi*): auf breitblättrigen Weiden

GM: nicht erforderlich

Abb. 300: Gallenbildung durch Weidenblattgallwespe (*Pontania proxima*)

EM: auf beiden Blattseiten hervortretende, anfangs gelblich grüne, später rötliche, bohnenförmige, geschlossene Gallen, innen mit 3 bis 4 mm langen Larven; Verpuppung der Larven im Boden; Wespe glänzend schwarz mit gelben Beinen; parthenogenetische Fortpflanzung; fast ausschließlich auf schmalblättrigen Weiden

VM: andere Gallenbildner mit ähnlichen Gallen (LIT 4)

GM: nicht erforderlich

Abb. 301: Stammholzschäden durch Weidenbohrer (*Cossus cossus*)

EM: 6 bis 9 cm lange, dunkelrote Raupe (a) in ovalen, fingerdicken, quer durchs Holz verlaufenden Fraßgängen (b); Genagsel außen am Bohrloch; Entwicklungsdauer 3 bis 4 Jahre; Bäume können zum Absterben gebracht werden

VM: Bockkäfer-Arten

GM: Entnahme befallener Bäume

Abb. 302: Baumsterben durch Citrusbockkäfer (*Anoplophora chinensis*)

EM: Käfer 2 bis 3 cm groß, schwarz, mit unterschiedlich großen, weißen Flecken auf den Flügeldecken und zwei hellen Flecken am Halsschild; Larven fressen im Stammfuß und im Wurzelbereich; Ausbohrloch bis 1,5 cm weit; an zahlreichen Laubbaumarten; befallene Bäume sterben ab

VM: Asiatischer Laubholzbockkäfer (Abb. 23); Fraßbild anderer Käferlarven

GM: meldepflichtiger Quarantäneschaderreger: umgehende Benachrichtigung des zuständigen PSD!

Abb. 303: Blattfleckung durch „Weidenrost" (*Melampsora salicina*)

EM: oberseits gelbliche Flecke; unterseits orangegelbe Uredolager; im Herbst oberseits dunkelbraune, krustenartige Teleutolager; bei starkem Befall Blattdürre und Blattverformung; Wirtswechsel mit nichtverwandten Pflanzenarten; aus mehreren Arten und Formen bestehend
VM: Artbestimmung nur bei Kenntnis des Wechselwirtes und an Hand mikroskopischer Merkmale (LIT 25)
GM: nicht erforderlich

Abb. 304: Schwarze Blattfleckung durch Pilzinfektion (*Rhytisma salicinum*), „Teerfleckenkrankheit" der Weide

EM: schwarz glänzende, erhabene Flecke (Sklerotien) mit gelbem Rand (brauner Rand deutet auf Hyperparasiten-Befall hin: rechts im Bild); im Sommer Konidienbildung; im folgenden Frühjahr spaltenförmig aufreißende Apothecien mit fadenförmigen Ascosporen; vornehmlich auf Sal-Weide
VM: keine
GM: nicht erforderlich

Abb. 305: Weißliche Blattfleckung oder Überzüge durch Echten Mehltaupilz (*Erysiphe adunca*), „Weidenmehltau"

EM: blattoberseits einzelne oder zusammenfließende Flecke bzw. Überzüge; im Sommer Konidienbildung, im Herbst Kleistothecien mit apikal eingerollten Anhängseln
VM: *Podosphaera schlechtendalii*: Anhängsel dichotom verzweigt (LIT 10)
GM: nicht erforderlich

Abb. 306: Blattsprenkelung durch Pilzinfektion (*Monostichella salicis*)

EM: blattoberseits meist zahlreiche, häufig zusammenfließende, dunkelbraune, kleine Flecke; Blätter werden gelblich, fallen vorzeitig ab; Fruchtkörper auf der Blattoberseite; Konidien einzellig (Tafel I/15); im Sommer oft epidemisch auftretend; auf abgefallenen Blättern im folgenden Frühjahr Ausbildung von Fruchtkörpern; nur auf schmalblättrigen Weidenarten

VM: *Drepanopeziza sphaerioides* (Abb. 307): neben Blattbefall auch Nekrosen auf den Trieben; Differenzialdiagnose an Hand der Konidien (Tafel I/14); *Marssonina dispersa*: auf Grau-Weide (LIT 11)

GM: nicht erforderlich

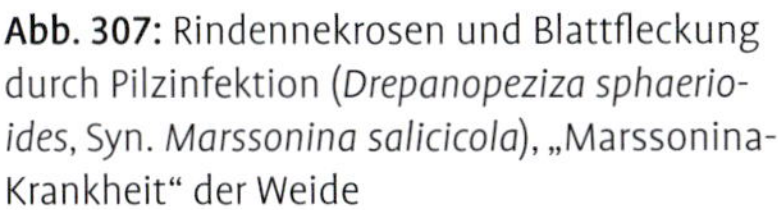

Abb. 307: Rindennekrosen und Blattfleckung durch Pilzinfektion (*Drepanopeziza sphaerioides*, Syn. *Marssonina salicicola*), „Marssonina-Krankheit“ der Weide

EM: auf ein- und zweijährigen Trieben 1 bis 3 cm lange, elliptische, braunschwarze, schorfartige Flecke mit aufplatzender Rinde; auch Blattflecke mit nachfolgender Blattwelke sowie Triebspitzendürre; Diagnose an Hand von Sporenmerkmalen: Konidien zweizellig, schuhsohlenförmig (Tafel I/14); bevorzugt auf schmalblättrigen Weiden; nicht selten gemeinsam mit *Venturia* [*Pollaccia*] *saliciperda* auftretend

VM: *Monostichella salicis* (Abb. 306)

GM: Entfernen befallener Triebe; bei wiederholtem Befall Behandlung mit einem gegen Blattfleckenerreger zugelassenen Fungizid

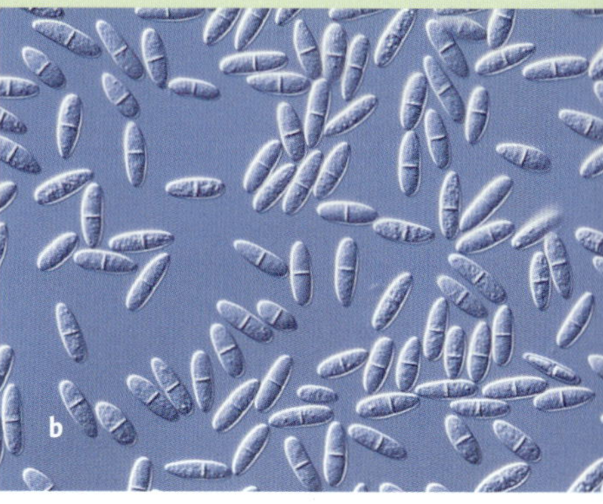

Abb. 308: Rindenbrand durch Pilzinfektion (*Plagiostoma salicellum*, Syn. *Cryptodiaporthe salicella*)

EM: eingesunkene Rindennekrosen (a); Absterben von Trieben bis zu 1 m Länge; in der Rinde Fruchtkörper mit zweizelligen Sporen (b)
VM: andere Pilzarten (LIT 9, 17)
GM: Ausschneiden befallener Äste

Abb. 309: Verbänderung von Trieben (Fasziation) durch Wachstumsstörung

EM: bandartige Verbreiterung von Trieben durch mehrere, nebeneinander liegende Vegetationspunkte; unterschiedliches Wachstum der Gipfelknospen führt zur Krümmung der verbänderten Triebe; Endknospen können wieder zu stielrunden Trieben „auswachsen“; Anlage meist genetisch bedingt, so bei der abgebildeten Drachen-Weide (*Salix udensis* ‘Sekka’); auch bei Forsythie, Esche, Robinie, Kiefer und Fichte
VM: keine
GM: keine, da hoher Zierwert (verbänderte Zweige werden z. B. in der Floristik zu Schmuckzwecken verwendet)

Abb. 310: Stammfäule durch Austernseitling (*Pleurotus ostreatus*)

EM: Fruchtkörper büschelig wachsend, mit muschel- oder nierenförmigen, seitlich gestielten Hüten und herablaufenden Lamellen; Hutfarbe sehr variabel (von beigefarben über grau, graulila bis violettbraun); Parasit und Saprobiont an Laubgehölzen; starker Weißfäule-erreger; beliebter Speisepilz
VM: Gelbstieliger Muschelseitling (*Sarcomyxa serotina*): Stiel gelb
GM: Entnahme befallener Bäume

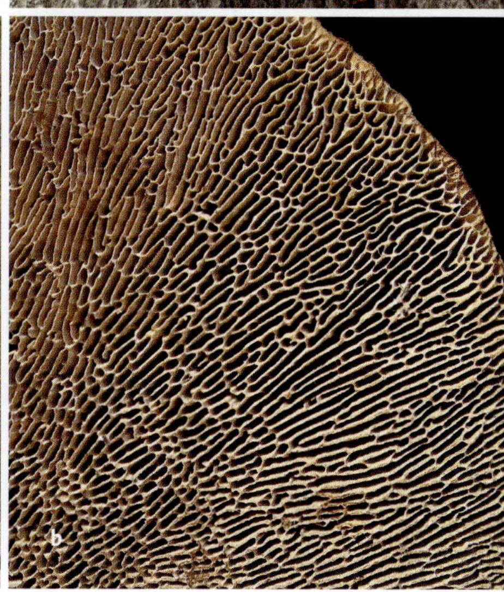

Abb. 311: Weißfäule durch Rötende Tramete (*Daedaleopsis confragosa*)

EM: Fruchtkörper konsolenförmig, 3 bis 12 cm breit, meist zu mehreren an absterbenden Ästen; Oberseite zimt- bis dunkelbraun (a), Unterseite mit gestreckten, labyrinthartigen Poren (b), auf Druck rötend; lebt parasitisch oder saprobisch auf Laubhölzern (LIT 14)
VM: Anistramete (Abb. 312c)
GM: Abnahme befallener Äste

Abb. 312: Stammfäule durch holzzersetzende Pilze (*Phellinus*- und *Trametes*-Arten)

EM: a, b) Gemeiner Feuerschwamm, „Falscher Zunderschwamm" (*Phellinus igniarius*): Fruchtkörper konsolenförmig mit zimtbrauner, wulstiger Zuwachskante, bis 20 cm breit; Oberseite mattbraun bis schwarz; Weißfäuleerreger, Urheber hohler Stämme (b)
c) Anistramete (*Trametes suaveolens*): Fruchtkörper wulstig, anfangs weißlich, später grau und filzig mit scharfem Rand, 5 bis 10 cm breit, Poren rundlich; Weißfäuleerreger; duftet nach Anis

VM: Weidenfeuerschwamm (*Phellinus trivialis*): Oberseite schwarz glänzend, Hutrand scharfkantig (LIT 14)

GM: Entnahme befallener Bäume nach Prüfung der Standfestigkeit (allerdings: auch mit Fruchtkörpern besetzte Weiden können noch standfest und erhaltungswürdig sein)

Sambucus (Holunder)

- **an Blättern, Knospen, Trieben**

– chlorotische Fleckung, Linienmuster durch Virusinfektion: Abb. 313
– beidseitig weißlicher Überzug durch Echten Mehltaupilz (*Erysiphe vanbruntiana*): LIT 25
– dunkle Blattfleckung durch verschiedene Pilzarten (*Ascochyta tenerrima, Pseudocercospora* [*Cercospora*] *depazeoides, Ramularia sambucina*): Abb. 314
– Welke durch Pilzinfektion (*Fusarium roseum*): Abb. 316
– Saugschäden an Blättern und Trieben durch graugrüne Holunderblattlaus (*Aphis sambuci*)
– an der Triebspitze verkümmerte Blätter durch Holundergallmilbe (*Epitrimerus trilobus*): Abb. 315
– schwarzbraune Blattflecke durch Blattälchen-Befall (*Aphelenchoides ritzemabosi*): LIT 6

- **an Ästen, am Stamm**

– Absterbeerscheinungen durch Judasohr (*Auricularia auricula-judae*): Abb. 317
– Rindenschäden am Stammfuß durch Fraß der Rötelmaus (*Clethrionomys glareolus*)

Abb. 313: Chlorotische Blattfleckung durch Virusinfektion (Kirschenblattrollvirus)

EM: gelbliche bis weißliche, stellenweise auch nekrotische Flecke, Ring- oder Linienmuster
VM: andere Virusinfektionen, z. B. Gelbnetzkrankheit: gelbe Gewebepartien längs der Blattadern
GM: erkrankte Pflanzen entfernen

Abb. 314: Blattfleckung, Blattbräune durch Infektion verschiedener Pilzarten

EM: a) *Pseudocercospora* [*Cercospora*] *depazeoides*: zahlreiche, helle, dunkel umrandete Flecke; Konidien Tafel III/4; b) *Ascochyta tenerrima*: braune Flecke auf gelbem Grund (Konidien Tafel I/16)

VM: a) mit *Ramularia sambucina*: einzelne, helle Flecke mit braunem Rand (Konidien Tafel I/3)

GM: nicht erforderlich

Abb. 315: Deformation von Triebspitzen durch Saugen der Holundergallmilbe (*Epitrimerus trilobus*)

EM: ab Frühjahr Fiederblättchen der jüngsten Triebe am Rand nach oben eingerollt, verkleinert, gekräuselt, löffelartig deformiert, oft bleich verfärbt; Milbennachweis

VM: Holunderblattlaus (*Aphis sambuci*): von Ameisen besuchte Kolonien dunkler Läuse mit grauem Wachs; ab Juli Abwanderung zu Sekundärwirten; Läuse verursachen Deformation der Blätter

GM: nicht erforderlich

Abb. 316: Blattbräune, Triebwelke und Zweigsterben durch Pilzinfektion (*Fusarium roseum*)

EM: Triebe und Blätter einzelner Äste welk und braun; auf der Rinde toter Äste cremefarbene Sporenpolster mit sichelförmigen, farblosen Konidien (Tafel II/11)

VM: Frostschaden

GM: befallene Äste abnehmen; keine weitere Behandlung

Abb. 317: Absterben von Stamm und Ästen durch Judasohr (*Auricularia auricula-judae*)

EM: Fruchtkörper 4 bis 9 cm groß, rötlich braun, ohrmuschelförmig, bei Trockenheit knorpelig, bei Feuchtigkeit gallertartig aufquellend; Schwächeparasit und Saprobiont auf Rinde und Holz älterer Sträucher von *Sambucus nigra*, weniger häufig auf Ahorn

VM: Absterbeerscheinungen durch Witterungsextreme; Degeneration durch Phytoplasmen-Infektion

GM: nicht erforderlich; befallene Äste evtl. zur Fruchtkörperbildung belassen: guter Speisepilz!

Sequoiadendron (Mammutbaum)

- **an Blättern, Trieben**
– Verbräunung und Absterben von Triebspitzen durch Frosteinwirkung: Abb. 318 oder Trockenheit: Abb. 319
– Verbräunung von Triebspitzen durch Grauschimmel (*Botrytis cinerea*)
– Besiedlung von Triebspitzen durch *Pestalotiopsis funerea*: Abb. 320
– Nadelbräune und Triebsterben an Mammutbaum durch *Botryosphaeria dothidea*: Abb. 321
– Nadeln grau verfärbt durch *Phyllosticta sequoiae*: LIT 9
– Triebspitzensterben durch Minierfraß von Raupen der Zypressenminiermotte (*Argyresthia cupressella*): vgl. Abb. 153

Abb. 318: Triebbräune durch Frost

EM: Verbräunung und Absterben von Nadeln und Triebspitzen im Frühjahr nach starkem Winterfrost durch Frosttrocknis (Austrocknungsschaden bei anhaltend tiefen Temperaturen oder Bodenfrost), besonders auf sonnen- und windexponierter Seite (*Sequoia sempervirens* noch stärker frostempfindlich)

VM: Trockenschäden im Sommer durch mangelnde Verfügbarkeit von Wasser; Minierfraß durch Zypressenminiermotte (*Argyresthia cupressella*): Befall nur einzelner Triebspitzen

GM: gute Wasser- und Nährstoffversorgung; bei kleineren Bäumen Sonnenschutz im Winter

Abb. 319: Trockenheitsbedingte Verbräunung der Triebspitzen

EM: rotbraune Verfärbung der Nadeln, insbesondere an den Triebspitzen; nachfolgend an geschwächten Pflanzen oft Befall durch Nadelpilze

VM: natürliche Seneszenz, andere abiotische Ursachen wie Hitze, Frost (Abb. 318) oder Nährstoffmangel; Pilzinfektionen (Abb. 320, 321)

GM: ausreichende Wasserversorgung sicherstellen, versiegelten Wurzelraum öffnen, konkurrierende Gehölze beseitigen

Abb. 320: Triebverbräunung mit sekundärer Pilzentwicklung (*Pestalotiopsis funerea*)

EM: einzelne Nadeln oder Triebteile hellbraun; im Nadelgewebe Fruchtkörper, außen mit schwarzen Sporenranken; Konidien mehrzellig, braun, mit Borsten (Tafel III/2); Schwächeparasit mit Auftreten erst nach Vorschädigung, z. B. Insektenbefall oder *Botryosphaeria*-Infektion

VM: *Botrytis cinerea*; *Argyresthia cupressella* (LIT 31)

GM: nicht erforderlich

Abb. 321: Kronenschäden durch Pilzinfektion (*Botryosphaeria dothidea*), „Botryosphaeria-Triebsterben“ an Mammutbaum

EM: in der Krone einzelne, rotbraune, abgestorbene Zweige (a); unterhalb abgestorbener Zweige evtl. Neuaustrieb; Harzfluss im Bereich der Zweignekrosen (b; Foto aus KEHR et al. 2020, LIT 22); später Kronenfehlstellen; in abgestorbener Rinde ca. 1 mm große, schwarze Fruchtkörper der *Dothiorella*-Nebenfruchtform (c) mit eiförmigen, farblosen Makro- oder Mikrokonidien (Tafel III/5); wärmeliebende Art; Auftreten mit Trockenjahren korreliert (LIT 22)

VM: Nadelverfärbung oder Triebsterben durch Frosteinwirkung (Abb. 318) oder Trockenheit (Abb. 319); Infektion durch *Botryosphaeria parva* (*Neofusicoccum parvum*); neu in Deutschland aufgetretene Art (LIT 22)

GM: erkrankte Äste großzügig ausschneiden; vorbeugend ausreichende Bewässerung

Sorbus (Eberesche, Mehlbeere, Vogelbeere)

- **an Blättern, Knospen, Früchten**
  - braune Blattrandnekrosen durch Trockenheit
  - chlorotische Blattfleckung durch Virusinfektion: Abb. 322
  - olivbraune, flecken- oder streifenartige Verfärbung blattoberseits (Schorf) durch Pilzinfektion (*Venturia inaequalis*): Abb. 327
  - „Ebereschenrost" (*Gymnosporangium cornutum*): Abb. 324
  - braune Pilzflecke durch *Phyllosticta aucupariae* oder *Sphaceloma sorbi*: LIT 9
  - pockenartige Fleckung durch Ebereschengallmilbe (*Eriophyes sorbi*): Abb. 323
  - Blattverformung durch Vogelbeerblattlaus (*Dysaphis sorbi*): Abb. 325
  - Fraßschäden durch Blattwespe (*Pristiphora geniculata*): Abb. 326
  - Loch- und Skelettierfraß durch Fünfpunktigen Blattkäfer (*Gonioctena quinquepunctata*)

- **an Trieben, Ästen, am Stamm**
  - Triebsterben durch Bakterieninfektion, „Feuerbrand" (*Erwinia amylovora*): vgl. Abb. 95
  - feine Gespinste mit gelblichen Raupen der Pflaumengespinstmotte (*Yponomeuta padella*): vgl. Abb. 229
  - am Stamm Fruchtkörper des Zottigen Schillerporlings (*Inonotus hispidus*): vgl. Abb. 205a, b

- **an Stammbasis, Wurzeln**
  - Rindenfäule am Stammfuß durch Infektion mit *Phytophthora cactorum*: Abb. 328
  - am Stammfuß Fruchtkörper von Sparrigem Schüppling (*Pholiota squarrosa*): LIT 18, Riesenporling (*Meripilus giganteus*): vgl. Abb. 112, Flachem Lackporling (*Ganoderma applanatum*): vgl. Abb. 111b oder Hallimasch (*Armillaria*-Arten): vgl. Abb. 187b, c

Abb. 322: Chlorotische Blattfleckung, „Ringfleckigkeit", durch Ebereschenringfleckenvirus (EMARaV)

EM: auf Blattfiedern zahlreiche hellgelbe Ringe (Ringfleckung) oder Linienmuster auf grünem Grund; nicht immer alle Fiederblättchen betroffen
VM: Anfangsstadium eines Gallmilben-Befalls (Abb. 323); andere Virusinfektionen
GM: nicht möglich

Abb. 323: Blattfleckung durch Ebereschengallmilbe (*Eriophyes sorbi*), „Pockenmilbe“

EM: blattunterseits meist zahlreiche hellgrüne, später braune, 1 bis 2 mm große, schwach hervortretende Pickelgallen mit winziger Öffnung

VM: *Eriophyes sorbeus* (LIT 18): weißliche, filzartige Auswüchse auf Blattober- und -unterseite (Filzgalle)

GM: nicht erforderlich

Abb. 324: Blattfleckung durch Rostpilzinfektion (*Gymnosporangium cornutum*), „Ebereschenrost“

EM: blattoberseits leuchtend gelbe oder rötliche Flecke; unterseits zylindrische, schlitzförmig aufreißende Sporenbehälter (Aecidien); Wirtswechsel des Rostpilzes mit Wacholder-Arten

VM: andere *Gymnosporangium*-Arten (LIT 25)

GM: bei Wacholder Ausschneiden befallener Äste; bei Anpflanzung räumliche Trennung (> 500 m) von Vogelbeere und Wacholder

Abb. 325: Blattverformung durch Vogelbeerblattlaus (*Dysaphis sorbi*) an Eberesche

EM: Einrollen von Fiederblättchen junger Triebe nach unten; blattunterseits bräunlich gelbe, flügellose Läuse mit farblosen Siphonen; Verschmutzung der Triebe durch Häutungsreste, Honigtau und Rußtaubelag; Übergang geflügelter Läuse auf Glockenblumen (*Campanula*) als Sommerwirte

VM: Apfelgraslaus (*Rhopalosiphum insertum*): Läuse grün, mit hellgrünen Siphonen

GM: nicht erforderlich; befallene Blätter ausschneiden

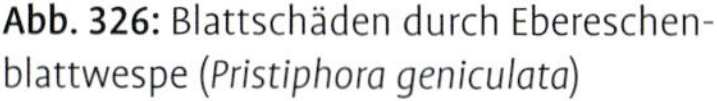

Abb. 326: Blattschäden durch Ebereschenblattwespe (*Pristiphora geniculata*)

EM: Fraßschäden vom Blattrand ausgehend; teilweise Kahlfraß; Larven (Afterraupen) gesellig fressend, 15 bis 18 mm lang, mit gelbem, schwarz punktiertem Körper; Fraßdauer 3 Wochen; Verpuppung in Kokons im Boden; Blattwespe schwarz; polyphag

VM: Schmetterlingsraupen

GM: Blätter mit Besatz entfernen; bei Massenbefall Bekämpfung mit einem gegen beißende Insekten zugelassenen Insektizid

Abb. 327: Blattfleckung und -vergilbung durch Pilzinfektion (*Venturia inaequalis*), „Schorf“

EM: unregelmäßige, zunächst olivgrüne, später dunkelbraune Blattflecke oft zuerst an den Blattadern; infizierte Blätter trocknen ein und fallen ab; auch Triebbefall; dunkelbraune Konidienrasen der *Fusicladium*-Anamorphe; Konidien einzellig, bräunlich, birnenförmig; ab Herbst Entwicklung der Hauptfruchtform auf abgefallenen Blättern; im Frühjahr Neuinfektion durch Ascosporen; nur auf Elsbeere (*Sorbus torminalis*)
VM: Läusebefall
GM: nicht erforderlich

Abb. 328: Stammfußfäule durch Infektion mit *Phytophthora cactorum*

EM: Blattverfärbung, Blattwelke und Aststerben in der Krone; schwarzbraun verfärbte Rindenstellen im unteren Stammbereich; Holz und Rinde braun verfärbt (Bild: Rinde angeschnitten); Fäule oft stammumfassend („Kragenfäule“), von unten nach oben aufsteigend
VM: andere *Phytophthora*-Arten
GM: Entnahme erkrankter Bäume

Symphoricarpos (Schneebeere, Korallenbeere)

- **an Blättern, Früchten, Trieben**
- – Ausbleichen von Blättern durch Freistellung und intensive Sonnenbestrahlung: vgl. Abb. 60
- – Blattfleckung und Beerenfäule durch Pilzinfektion (*Ascochyta grandispora*): Abb. 330
- – Minierfraß (Platzminen) durch Raupen der Fliedermotte (*Gracillaria syringella*): vgl. Abb. 124
- – Gangminen durch Schneebeerenminierfliege (*Paraphytomyza hendeliana*): Abb. 331
- – Buchtenfraß am Blattrand durch Dickmaulrüssler (*Otiorhynchus*-Arten): vgl. Abb. 335
- – Kümmerwuchs durch parasitische Blütenpflanze, „Teufelszwirn" (*Cuscuta europaea*): Abb. 329
- – Triebsterben durch Pilzinfektion (*Heterosporium symphoricarpi*): auf Zweigen und toten Blättern grünliche Pilzrasen: LIT 9
- – Gelblich weiße Sprenkelung durch Spinnmilben: vgl. Abb. 106, 139

Abb. 329: Blattverfärbung, Kümmerwuchs durch parasitische Blütenpflanze (Europäische Seide: *Cuscuta europaea*)

EM: spiralige Umwicklung junger Zweige der Wirtspflanze mit hellrötlichen, fadenförmigen Trieben des Parasiten (daher auch „Teufelszwirn" genannt); Blüten hellrötlich, Blätter fehlen; an zahlreichen anderen Wirtspflanzen

VM: Acker-Winde (*Convolvulus arvensis*): hier fadenartige, grünrote Triebe mit grünen Blättern; nicht parasitisch

GM: stark befallene Zweige entfernen; Schädigung allgemein gering

Abb. 330: Blattflecke und Beerenfäule durch Pilzbefall (*Ascochyta grandispora*)

EM: auf Blättern 1 bis 5 mm große, braunschwarze, häufig zusammenfließende Flecke (a); Befall auch an Fruchtständen (b); Beeren schrumpfen und fallen ab; Pyknidien auf Blättern und Beeren; Konidien zweizellig (Tafel I/9)
VM: *Ascochyta tenerrima* (LIT 9)
GM: bei wiederholtem Befall Rückschnitt

Abb. 331: Minierfraß durch Larven der Schneebeerenminierfliege (*Paraphytomyza hendeliana*)

EM: auf der Blattoberseite sich verbreiternde, schlangenartige, weißliche bis hellbräunliche Miniergänge; im Inneren bis 3 mm lange Larven; mehrere Generationen im Jahr; unbedeutender Schädling mit typischem Befallsbild
VM: andere Minierer
GM: nicht erforderlich

Syringa (Flieder)

- **an Blättern, Knospen, Blüten**
  - interkostale Blattverfärbung durch Magnesiummangel: Abb. 332
  - chlorotische Fleckung oder Scheckung durch Virusinfektion
  - Blattverfärbung durch Pilzinfektion, „Bleiglanzkrankheit" (*Chondrostereum purpureum*): LIT 11, 14
  - weißer Überzug durch Mehltaupilz (*Erysiphe* [*Microsphaera*] *syringae*): Abb. 333b
  - Blattfleckung durch *Ascochyta syringae*: Abb. 333a
  - Blattsprenkelung durch Gemeine Spinnmilbe (*Tetranychus urticae*)
  - Minierfraß durch Fliedermotte (*Gracillaria syringella*): Abb. 334
  - Buchtenfraß durch Dickmaulrüssler (*Otiorhynchus*-Arten): Abb. 335

- **an Trieben**
  - Triebsterben durch Bakterieninfektion, „Fliederseuche" (*Pseudomonas syringae*)
  - Welke, Absterben von Trieben und Zweigen durch *Verticillium dahliae*

- **an Ästen, am/im Stamm**
  - „Fliederwelke" durch Infektion mit *Phytophthora*-Arten
  - weißer Besatz auf Stämmen durch Maulbeerschildlaus (*Pseudaulacaspis pentagona*): vgl. Abb. 71
  - Bohrgänge im Holz durch Raupen des Blausiebs (*Zeuzera pyrina*): vgl. Abb. 174

Abb. 332: Interkostale Blattverfärbung durch Magnesiummangel

EM: anfangs flecken- oder streifenartige, gelbgrüne Verfärbung vor allem der Interkostalfelder, später dort bräunliche Nekrosen; auf sauren, zur Bodenverdichtung neigenden Böden

VM: andere Mangelkrankheiten; Pilzinfektionen (z. B. *Ascochyta syringae*, Abb. 333a)

GM: bedarfsgerechte Düngung nach Bodenanalyse

Abb. 333: Blattfleckung durch Infektion verschiedener Pilzarten

EM: a) *Ascochyta syringae*: unregelmäßige, bis 4 cm große, braune Nekrosen; blattoberseits Pyknidien mit zweizelligen, farblosen Konidien (Tafel I/12)

b) *Erysiphe* [*Microsphaera*] *syringae*: weiße Flecke oder Überzüge, meist blattoberseits, anfangs mit Konidien, später mit Kleistothecien

Abb. 334 Minierfraß durch Raupen der Fliedermotte (*Gracillaria syringella*)

EM: braune, blasige, bald vertrocknende Blattminen; im Inneren oft mehrere, 7 bis 8 mm lange, gelblich weiße, durchsichtige Raupen mit gelblichem Kopf und grünem Darm (vgl. Abb. 124b); Puppe in eingerolltem Blatt; zwei Generationen im Jahr (Mai bis Juni, Juli bis Oktober); Fraßschaden der 1. Generation meist gering

VM: Pilzinfektion, z. B. *Ascochyta syringae* (Abb. 333a)

GM: nicht erforderlich

Abb. 335: Fraßschäden durch Dickmaulrüssler (*Otiorhynchus*-Arten)

EM: unterschiedlich große, dämmerungsaktive, flugunfähige Käfer mit rüsselartig verlängertem Kopf; Urheber charakteristischer Schadbilder (Buchtenfraß); Larven fressen an Wurzeln zahlreicher Kräuter und Gehölze;
a, b) *Otiorhynchus sulcatus*: Käfer 7 bis 9 mm lang, Flügeldecken schwarz, mit goldgelben Haarflecken (a); Blattrand weitbuchtig ausgefressen; Larve (b) 8 bis 10 mm lang, cremefarben, mit braunem Kopf;
c, d) *Otiorhynchus crataegi*: Käfer 5 bis 6 mm lang, schwarzgrau; Flügeldecken mit hellen, ockerfarbenen Haarflecken; Hinterleib kurzoval (d); Blattrand schmalbuchtig ausgefressen (c)

VM: andere *Otiorhynchus*-Arten

GM: Käfer frühmorgens oder abends absammeln; biologische Bekämpfung der Larven mit insektenparasitären Nematoden

Taxus (Eibe)

- **an Knospen, Nadeln, Trieben**
  - Vergilbung älterer Nadeln durch Alterung (Seneszenz): Abb. 336
  - Bronzefärbung von Nadeln durch abiotische Stressfaktoren: Abb. 342
  - Verbräunung von Nadeln durch Pilzinfektion, z. B. *Botrytis cinerea* oder *Cryptocline taxicola*: Abb. 344
  - Saugschäden durch Eibenschildlaus (*Pulvinaria floccifera*): Abb. 339 oder Eibennapfschildlaus (*Parthenolecanium pomeranicum*): Abb. 340
  - Triebsterben nach Ringelung durch Wicklerraupe (*Batodes angustioranus*): Abb. 343
  - rosettenartige Knospengallen, verursacht durch Eibengallmücke (*Taxomyia taxi*): Abb. 340
  - verdickte, geschlossen bleibende Knospen oder deformierte Nadeln durch Eibengallmilbe (*Cecidophyopsis psilaspis*): Abb. 341
  - am Nadelrand buchtige Fraßspuren sowie Nadelabbiss durch Dickmaulrüssler (*Otiorhynchus*-Arten): vgl. Abb. 335

- **am Stamm, an Wurzeln**
  - gelbe Konsolen des Schwefelporlings (*Laetiporus sulphureus*): vgl. Abb. 273a
  - Wurzelfäule durch *Phytophthora*-Infektion: Abb. 337
  - Wurzelschäden durch Larven von Dickmaulrüssler: Abb. 338

Abb. 336: Nadelverfärbung und Nadelverluste durch Alterung (Seneszenz)

EM: anfangs Orangefärbung, dann Vergilben und Abwurf älterer Nadeln ab Juni durch normale Alterung; bei Stresseinwirkung (z. B. Wassermangel, Frost) vorzeitige Seneszenz mit verstärktem Nadelfall; Fehlen von Pilzfruchtkörpern oder Insekten-Befall

VM: *Phyllosticta concentrica*: Konidien eiförmig (Tafel I/11); *Cryptocline taxicola* (Abb. 344): Fruchtkörper nur nadeloberseits, Konidien einzellig (Tafel III/12)

GM: Verzögerung des natürlichen Vorgangs durch ausreichende Wasser- und Nährstoffversorgung

Abb. 337: Wurzelhalsfäule durch *Phytophthora*-Infektion

EM: zunächst rötlich braune Verfärbung der Nadeln, später komplette Braunfärbung und Absterben des Gehölzes; oft zunächst einseitig (a); Wurzelhalsfäule, als Verbräunung am Stammgrund unter der Rinde erkennbar (b)
VM: im Anfangsstadium andere abiotische (Nährstoffmangel, Staunässe, Kälte, Pflanzstress) oder parasitische (Fraß durch Engerlinge, Larven des Dickmaulrüsslers oder Schermaus, Wurzelnematoden) Ursachen
GM: Entnahme erkrankter Pflanzen, ggf. Bodenaustausch

Abb. 338: Fraßschaden durch Larven des Gemeinen Dickmaulrüssler (*Otiorhynchus sulcatus*)

EM: zunächst rötlich braune Verfärbung der Nadeln, später komplette Braunfärbung und Absterben des Gehölzes; Wurzeln befressen oder gänzlich vertilgt, am Wurzelhals aufsteigender Rindenfraß; Buchtenfraß an den Nadeln
VM: im Anfangsstadium abiotische Schadursachen (Abb. 342); Wurzelfraß durch Engerlinge
GM: Käfer frühmorgens oder abends absammeln; biologische Bekämpfung der Larven mit insektenparasitären Nematoden

Abb. 339: Saugschäden durch Wollige Eibenschildlaus (*Pulvinaria floccifera*)

EM: ober- und unterseits weiße Eisäckchen (a); im Frühjahr mobile Larven (b)
VM: weißer Vogelkot
GM: Entfernen befallener Triebe

Abb. 340: Saugschäden durch Eibennapf-schildlaus (*Parthenolecanium pomeranicum*)

EM: an Nadeln und Trieben 3 mm große, rotbraune, gebuckelte Schildläuse; Larven weiß, mobil; Wachstumshemmung und Nadelverformung; zusätzlich im Bild: an der Triebspitze rosettenartige Missbildung durch Eibengallmücke (*Taxomyia taxi*, LIT 6)
VM: andere Schildläuse
GM: Entfernen befallener Triebe

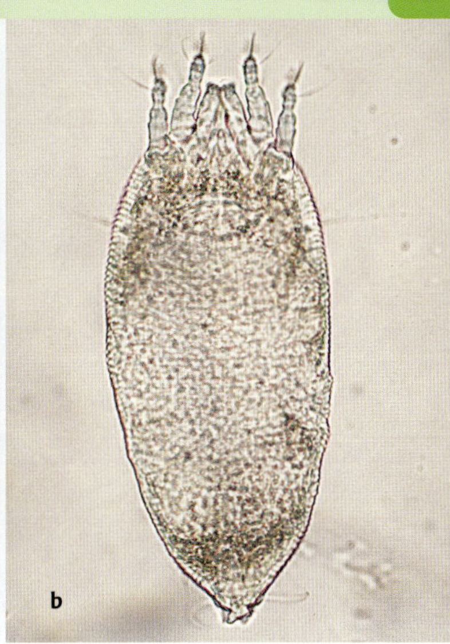

Abb. 341: Knospenschäden und Nadelverformung durch Eibengallmilbe (*Cecidophyopsis psilaspis*)

EM: Knospen verdickt, werden bräunlich oder entwickeln sich zu gestauchten Trieben mit gekrümmten Nadeln (a); im Knospeninneren 0,2 mm lange Milben (b); starker Befall führt zu Triebverkrüppelung

VM: männliche Blütenkätzchen in frühen Entwicklungsstadien

GM: befallene Triebe entfernen

Abb. 342: Bronzefärbung der Nadeln durch abiotische Stressfaktoren

EM: orangebraune oder bronzefarbene Verfärbung meist nur älterer Nadeln; bei Neuanpflanzung auch sämtliche Nadeln durch Pflanzschock verfärbt; mutmaßlich verursacht durch mangelhafte Aufnahme von Nährstoff- oder Spurenelementen; reversibler Vorgang; Neuaustrieb meist wieder grün; kein Nadelabwurf

VM: Nadelalterung (Abb. 336); Wurzelschäden durch Larven des Dickmaulrüsslers (Abb. 338) oder *Phytophthora*-Infektion (Abb. 337)

GM: ausreichende Bewässerung; im Bedarfsfall Düngung

Abb. 343: Triebsterben durch Wicklerraupen (*Batodes angustioranus*)

EM: Absterben von Triebspitzen (a) nach Ringelung der Rinde (b, Pfeil) durch graugrüne, 12 bis 16 mm lange Raupen; Überwinterung und Verpuppung in zusammengesponnenen Nadeln; polyphag
VM: Pilzinfektionen, z. B. *Botrytis cinerea*
GM: Ausschneiden abgestorbener Triebspitzen

Abb. 344: Nadelverfärbung durch Pilzinfektion (*Cryptocline taxicola*)

EM: Nadeln braun, ausblassend; Oberseite mit schwarzen Pyknidien; Konidien eiförmig (Tafel III/12); Unterseite (im Bild links) ohne Fruchtkörper; Schwächeparasit
VM: *Phyllosticta concentrica*: Fruchtkörper ähnlich, diese jedoch auf beiden Nadelseiten, Konidien mit „Schwänzchen" (Tafel I/11), überwiegend saprobisch; *Botrytis-cinerea*-Befall; vorzeitige Nadelalterung (Abb. 336)
GM: befallene Triebe ausschneiden

Thuja (Lebensbaum)

- **an Nadeln, Trieben, Zweigen**
  - Abwurf brauner Triebe durch natürliche Seneszenz: Abb. 345
  - Nadelverbräunung durch Trockenheit: Abb. 348
  - Verbräunung und Triebsterben durch Auftaumittel: Abb. 347
  - Nadelbleiche durch extreme Hitzeeinwirkung: Abb. 346
  - Entwicklung von *Kabatina thujae* an braunen Triebspitzen nach Miniermotten-Befall: vgl. Abb. 152
  - Nadelbräune durch Pilzinfektion (*Didymascella thujina*): Abb. 353
  - Absterben von Triebspitzen nach Thujaminiermotten-Befall (*Argyresthia thuiella*): Abb. 352
  - Nadelverfärbung durch Wacholderdeckelschildlaus (*Carulaspis juniperi*): vgl. Abb. 154
  - Zweigsterben durch Südlichen Wacholderprachtkäfer (*Palmar festiva*): Abb. 351
  - Saugschäden durch Zypressenrindenläuse (*Cinara*-Arten): Abb. 349

- **an Ästen, am Stamm**
  - einseitige Längsrisse durch extreme Frosteinwirkung: vgl. Abb. 78
  - Absterben von Ästen oder ganzen Pflanzen durch Zweifarbigen Thujaborkenkäfer (*Phloeosinus bicolor*): Abb. 350

- **an Stammbasis, Wurzeln**
  - Wurzelhalsfäule, Absterben von Ästen oder ganzen Pflanzen durch *Phytophthora*-Arten
  - Wurzelfraß durch Dickmaulrüsslerlarven oder Engerlinge

Abb. 345: Triebverbräunung und Triebabwurf durch natürliche Seneszenz

EM: Triebverfärbungen an der gesamten Pflanze gleichmäßig verteilt; Zweige ohne Fraßschäden oder Pilzbefall; in schwacher Ausprägung als normale, physiologische Alterung (Seneszenz); gefördert und verstärkt auftretend durch Trockenheit; art- und sortenspezifisch

VM: Einwirkung von Auftaumitteln (Abb. 347); Miniermotten-Befall (Abb. 352)

GM: Verzögerung des natürlichen Vorgangs durch ausreichende Wasser- und Nährstoffversorgung

Abb. 346: Verbrennungsschäden durch extreme Hitzeeinwirkung

EM: bräunliche bis gelbliche Verfärbung von Trieben durch Hitzeeinwirkung
VM: *Diaporthe* [*Phomopsis*] *juniperivora* (Abb. 151); Einwirkung von Auftaumitteln (Abb. 347)
GM: Hitzequellen auf ausreichenden Abstand halten

Abb. 347: Triebverbräunung und Nadelsterben durch Einwirken von Auftaumitteln

EM: an Straßen und Wegen Schäden durch salzhaltiges Spritzwasser; Nachweis durch chemische Nadelanalyse
VM: Hitze- und Trockenschäden
GM: Verwendung salzarmer Auftaumittel

Abb. 348: Trockenheitsbedingte Verbräunung der Triebspitzen

EM: braune Verfärbung der Nadelschuppen, insbesondere an den Triebspitzen; nachfolgend an geschwächten Pflanzen oft Befall durch Nadelpilze (*Pestalotiopsis*, *Kabatina*), Spinnmilben oder Borkenkäfer
VM: natürliche Seneszenz (Abb. 345), andere abiotische oder parasitäre Ursachen (Hitze [Abb. 346], Nährstoffmangel, *Phytophthora*, pilzliche Infektionen [Abb. 353], Miniermotte [Abb. 352], Rindenläuse [Abb. 349], Borkenkäfer [Abb. 350], Fraß durch Engerlinge, Larven des Dickmaulrüsslers oder Schermaus)
GM: auf ausreichende Wasserversorgung achten, versiegelten Wurzelraum öffnen, konkurrierende Gehölze beseitigen

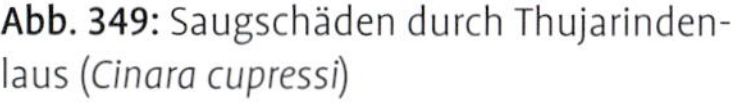

Abb. 349: Saugschäden durch Thujarindenlaus (*Cinara cupressi*)

EM: auf der Rinde etwa 3 mm große, anfangs zimtbraune, später graubraune, oft in Kolonien auftretende Läuse; Eiablage im Herbst; Schlupfzeit im Frühjahr; im Sommer Abwandern der Läuse in den Boden; Saugschäden führen zum Absterben von Nadeln und Zweigen; Läuse scheiden Honigtau aus, der meist von Rußtaupilzen besiedelt wird; Vorkommen nur auf *Thuja occidentalis*
VM: andere Läuse-Arten (aber ohne auffallende Saugschäden)
GM: natürliche Gegenspieler (Florfliege etc.) schonen und fördern

Abb. 350: Fraßschaden durch Zweifarbigen Thujaborkenkäfer (*Phloeosinus bicolor*, Syn. *P. aubei*)

EM: Absterben von Zweigen, der Krone oder ganzer Pflanzen (a); auf der Rinde Ein- und Ausbohrlöcher (b, c); unter der Rinde doppelarmiges Brutbild; Käfer braunschwarz, 2,1 bis 2,6 mm; geschwächte Pflanzen besonders anfällig; auch auf anderen Zypressengewächsen (LIT 29)

VM: *Phloeosinus juniperi*; Wacholderprachtkäfer (Abb. 351); vielfältige Ursachen für Nadelverbräunung

GM: Schwächung der Thuja vermeiden, insbesondere auf ausreichende Wasserversorgung achten; Entnahme befallener Pflanzen

Abb. 351: Zweig- und Baumsterben durch Südlichen Wacholderprachtkäfer (*Palmar festiva*)

EM: Absterben und Braunwerden von Zweigen oder auch ganzer Pflanzen verschiedener Altersklassen (a); Jungpflanzen bei physiologischem Stress besonders gefährdet; Fraß der Larven erst unter der Rinde, später auch in Splintholz; Verpuppung in der Pflanze; Käfer (b) metallisch goldgrün bis blaugrün glänzend, mit blauschwarzen Flecken, 6 bis 12 mm lang; Ausbohrloch queroval (c); nach ursprünglicher Verbreitung im südlichen Europa kommt der Käfer heute auch in Gebieten nördlich der Alpen vor (z. B. Schweiz, Süddeutschland); befallen werden neben der ursprünglichen Gattung *Juniperus* auch Vertreter der Gattungen *Thuja* und *Chamaecyparis*

VM: *Phloeosinus*-Arten (Abb. 350)

GM: wegen naturschutzrechtlicher Regelung nicht möglich

Abb. 352: Triebspitzensterben durch Thujaminiermotte (*Argyresthia thuiella*)

EM: Verbräunung 1 bis 4 cm langer Triebspitzen durch Minierfraß grünlicher Räupchen (vgl. Abb. 153b); Miniergänge mit Kotkörnchen (vgl. Abb. 153c); Ausflugsloch an beliebiger Stelle des abgestorbenen Triebes; Motte grauweiß, mit silbergrauen Flecken
VM: *Argyresthia dilectella*: Vorderflügel weiß violett mit goldbraunen Flecken, Schadbild ähnlich *A. thuiella*
GM: Schnittmaßnahmen im Herbst

Abb. 353: Nadelbräune durch Pilzinfektion (*Didymascella thujina*)

EM: an letztjährigen Trieben einzelne, auch zusammenhängende, hellbraune Schuppenblätter; ab Mai auf abgestorbenen Schuppenblättchen dunkelbraune, kissenförmige, ovale Fruchtkörper mit braunen, ungleich septierten, je Ascus 2 eiförmigen Ascosporen; an Jungpflanzen sowie an schattig stehenden Althecken, besonders an *Thuja plicata* und *T. occidentalis*
VM: Thujaminiermotte (Abb. 352); *Kabatina thujae* (vgl. Abb. 152)
GM: auf gesundes Pflanzenmaterial achten; keine weitere Behandlung erforderlich

Tilia (Linde)

• an Blättern, Knospen, Blüten

- Gelbfärbung von Blättern im Sommer durch Trockenheit
- Blattfleckung durch Infektion verschiedener Pilzarten (*Paraconiothyrium [Asteromella] tiliae, Discula umbrinella*, Syn. *Gloeosporium tiliae, Paracercosporidium microsorum*, Syn. *Cercospora microsora*): Abb. 354
- fleckenartige, erst hellgrüne, dann gelbliche Blattverfärbung durch Lindenspinnmilbe (*Eotetranychus tiliarum*): Abb. 356
- Blattgallen durch Gallmücken oder Gallmilben: Abb. 355
- Blattvergilbung durch Lindenblattlaus (*Eucallipterus tiliae*)
- grauschwarzer, abwischbarer Belag durch Rußtaupilze: vgl. Abb. 255
- großflächiger Fensterfraß durch Kleine Lindenblattwespe (*Caliroa annulipes*): Abb. 359
- kleinflächiger Fensterfraß durch Raupen des Zwergwicklers (*Bucculatrix thoracella*): Abb. 357
- ovale Faltenminen durch Lindenminiermotte (*Phyllonorycter issikii*): Abb. 358
- Blattfraß durch Schmetterlingsraupen

• an Trieben, Zweigen

- Triebsterben durch Pilzinfektion (*Stigmina pulvinata*): Abb. 361
- Aststerben durch Rotpustelpilz (*Nectria cinnabarina*): vgl. Abb. 17
- Triebwelke, Verfärbungen im Leitbündelbereich durch Welkepilz (*Verticillium dahliae*)
- Triebsterben durch Raupen des Weidenbohrers (*Cossus cossus*): vgl. Abb. 301

• an Ästen, am Stamm, im Holz

- axiales Aufreißen der Rinde durch Hitze (Sonnenbrand): Abb. 362a oder durch tiefe Temperaturen (Frostriss): Abb. 362b
- am Stamm Maserkropfbildung: Abb. 365
- auf der Rinde Kolonien der Wolligen Napfschildlaus (*Pulvinaria regalis*): vgl. Abb. 31
- Rindenschäden, Kronendegeneration durch Lindenprachtkäfer (*Lampra rutilans*)
- in der Krone kugelige, grünblättrige Büsche der Laubholz-Mistel (*Viscum album*): Abb. 360
- Rindenverletzung, teils Absterben nach mechanischer Beschädigung: Abb. 363
- Weißfäule im Stamm durch Schuppigen Porling (*Cerioporus [Polyporus] squamosus*): Abb. 364c, Spaltblättling (*Schizophyllum commune*): Abb. 364a, b oder Angebrannten Rauchporling (*Bjerkandera adusta*): LIT 14

• an Stammbasis, Wurzeln

- an der Stammbasis Fruchtkörper verschiedener Pilzarten: z. B. Sparriger Schüppling (*Pholiota squarrosa*): LIT 14, Hallimasch (*Armillaria*-Arten): vgl. Abb. 187c oder Brandkrustenpilz (*Kretzschmaria [Ustulina] deusta*): vgl. Abb. 36b, 110a

Abb. 354: Blattfleckung durch Pilzinfektion (verschiedene Erreger)

EM: a) *Paraconiothyrium* [*Asteromella*] *tiliae*: anfangs fransenartige, später homogen schwarzbraune, große Flecke; frühzeitige Vergilbung und vorzeitiger Blattfall; im Frühjahr Reifung der Hauptfruchtform
b) *Discula umbrinella*, Syn. *Gloeosporium tiliae*: verschieden große, braune Flecke, oft von Gallenanlagen ausgehend (Erreger bereits als symptomloser Endophyt vorhanden); blattunterseits Sporenlager mit einzelligen, farblosen, elliptischen Konidien; im Frühjahr auf toten Blättern Bildung der Hauptfruchtform (*Apiognomonia errabunda*)
c) *Paracercosporidium microsorum*, Syn. *Cercospora microsora*: zahlreiche, 1 bis 3 mm große, rundliche, braune Flecke, auch an Blattstielen; bei starkem Befall vorzeitiger Blattabwurf; blattunterseits Sporenträger mit wurmförmigen, mehrzelligen Konidien (Tafel II/8); häufig steril

VM: Blattflecke durch andere Pilzinfektionen (LIT 9, 11, 17)

GM: Entfernen des Falllaubes

Abb. 355: Gallenbildung durch Lindengallmilben

EM: a) Blattrandgallmilbe (*Phytoptus tetratrichus*): knorpelartig verdickte Blattrollung; Innenseite mit spitzen Haaren;
b) Nervenwinkelgallmilbe (*Eriophyes exilis*): in Adernwinkeln Ausstülpungen nach oben; unterseits hellfarbene Haarschöpfe („Milbenhäuschen") mit Milben;
c) Hörnchengallmilbe (*Eriophyes tiliae*): oberseits bis 15 mm lange, grüne oder rötliche, hornförmige Galle mit Milben; mehrere, wirtsabhängige Rassen;
d) Filzgallmilbe (*Eriophyes leiosoma*): oberseits gelbgrüne Aufwölbungen, unterseits unregelmäßig kreisförmiger, anfangs weißer, später bräunlicher Haarfilz mit Milben

VM: andere Gallen (LIT 4)

GM: nicht erforderlich

Abb. 356: Blattverfärbung durch Lindenspinnmilbe (*Eotetranychus tiliarum*)

EM: im unteren Kronenbereich beginnend (a) fleckenartige, hellgrüne, später flächige, hellgelbliche Verfärbung der Blätter (b), schließlich bei starkem Befall, gefördert durch Trockenheit und Hitze, Blattfall; im Spätsommer/Herbst wandern die hellorangefarbenen Spinnmilben zum Stammgrund, um dort in Rindenritzen den Winter zu überdauern; selten ist Massenwanderung zu beobachten, dabei wird der Stamm in ein feines Gespinst gehüllt

VM: Schäden durch Trockenheit und Hitze; Blattlaus-Befall

GM: nicht erforderlich

Abb. 357: Fraßschäden durch Lindenzwergwickler (*Bucculatrix thoracella*)

EM: blattunterseits 3 bis 6 mm große Fraßspuren (Fensterfraß) durch 5 bis 7 mm lange, cremeweiße Larven (a, im Durchlicht); beidseitig 2 bis 3 mm große, weiße Gespinste (b, Pfeil); vornehmlich an Alleebäumen im urbanen Bereich
VM: Kleine Lindenblattwespe (Abb. 359): Fensterfraß großflächig
GM: nicht erforderlich

Abb. 358: Blattfleckung durch Lindenminiermotte (*Phyllonorycter issikii*)

EM: blattoberseits breit ovale bis gestreckte Platzminen, anfangs hellgrün und weiß punktiert, später hellbraun; innen weißliches Räupchen mit gelben Segmenten am Hinterleib; Verpuppung in der Mine; Schlupf blattunterseits; auf allen Lindenarten. Aus Japan stammendes Neozoon (LIT 27).
VM: keine
GM: nicht erforderlich

Abb. 359: Fraßschäden durch Afterraupen der Kleinen Lindenblattwespe (*Caliroa annulipes*)

EM: von unten nach oben fortschreitende Blattverbräunung (a); großflächiger Schabe- oder Fensterfraß unterseits (b, im Durchlicht) durch schneckenartige, gelbliche Larven mit grünem Darm (c)

VM: Lindenzwergwickler (Abb. 357)
GM: nicht erforderlich

Abb. 360: Schäden durch Laubholz-Mistel (*Viscum album*)

EM: parasitische Blütenpflanze (Halbschmarotzer) mit gabelig verzweigten Ästen und immergrünen, lederartigen Blättchen; zweihäusig; weibliche Zweige mit beerenartigen Steinfrüchten (a); Büsche kugelig, bis 1 m Durchmesser (b); ältere Ansatzstellen spindelförmig oder kugelig verdickt (c); schädlich durch Astdeformation sowie Nährstoff- und Wasserentzug

VM: Eichenmistel (*Loranthus europaeus*): Blätter sommergrün

GM: mit Misteln besetzte Äste ausschneiden

Abb. 361: Kronenschäden durch Pilzinfektion (*Stigmina pulvinata*), „Stigmina-Triebsterben der Linde“

EM: Absterben junger Zweige im Kronenbereich junger bis mittelalter Linden (a), teilweise kompensiert durch Neuaustrieb (b); Rindennekrosen um Ansatzstellen schwächerer Zweige; auf toter Rinde dunkle, ca. 1 mm große Pusteln (c) mit olivbraunen, mehrzelligen Konidien (d); Krankheitsentwicklung nach prädisponierendem Stress, vor allem durch trockene, kalte Winter; sortenabhängig

VM: *Nectria cinnabarina* (vgl. Abb. 17); „Verticillium-Welke“ (vgl. Abb. 22); abiotische Schadursachen (z. B. Frost, Dürre, Salzeinwirkung)

GM: auf ausreichende Wasserversorgung achten

Abb. 362: Rindenschäden durch Witterungsextreme

EM: a) Sonnenbrandnekrose: an südwestlicher Stammseite bis 2 m langes, streifenartiges Absterben der Rinde; später seitlich beginnende Überwallung (Wundheilung)

b) Frostriss: schmaler Rindenriss auf Süd- bis Südwestseite nach Abfolge tiefer Nachttemperaturen mit strahlungsreichen (sonnigen) Wintertagen

Abb. 363: Rindenschäden durch mechanische Verletzung (Prellungsschaden)

EM: an der Stammbasis unregelmäßiges Absterben von Rindenteilen durch mechanische Beschädigung, stellenweise auch Beeinträchtigung des Holzes (Gefahr der Infektion durch holzzersetzende Pilze); später an den Wundrändern Überwallungsansätze, bei Freilegung des Holzes Bildung von Flächenkallus. Ursachenklärung durch Umstände des Auftretens (hier älterer Prellungsschaden).

VM: Sonnenbrandnekrosen (Abb. 362a): Schäden meist höher am Stamm

GM: Abdeckung der Wunde mit lichtundurchlässiger Folie zur Förderung der Wundheilung; vorbeugend mechanischer Prellungsschutz

Abb. 364: Weißfäule durch Infektion holzzersetzender Pilze

EM: a, b) Gemeiner Spaltblättling (*Schizophyllum commune*): auf Ästungswunden oder vorgeschädigter (hier sonnenbrandgeschädigter) Rinde bis 5 cm große, graue, oberseits filzige Fruchtkörper, unterseits fächerförmig angeordnete, an der Schneide gespaltene „Lamellen"; überwiegend saprobisch
c) Schuppiger Porling (*Cerioporus* [*Polyporus*] *squamosus*): bis 40 cm große, nierenförmige, exzentrisch gestielte Fruchtkörper; Hutoberseite mit braunen Schuppen (vgl. Abb. 134); meist am Stamm lebender Bäume

VM: andere Porlingsarten (LIT 14)

GM: fachgerechte Ästung, frühzeitige Abnahme unerwünschter Äste

Abb. 365: Knospensucht und Beulenbildung durch Entfernen von Wasserreisern

EM: vermehrte Knospenbildung auf engstem Raum mit schwacher Triebbildung (Kleinbild), gefördert durch wiederholtes Entfernen von Trieben; beulenartig angeschwollene Stammpartien (Maserkropf) durch vermehrte Holzproduktion

VM: bakterieller Tumor

GM: zurückhaltende Entnahme von Wasserreisern

Tsuga (Hemlocktanne, Schierlingstanne)

- **an Nadeln, Trieben**
  - Braunfärbung und Abfallen älterer Nadeln; nadelunterseits gelbbräunliche, kissenförmige Fruchtkörper von *Fabrella tsugae*: Abb. 366
  - Nadeln bräunlich, überzogen mit weißem bis ockerfarbenem Mycel der „Tannen-Rhizoctonia“, meist in unmittelbarer Nähe von Tannen (Hauptwirt): LIT 11, 18

Abb. 366: Nadelverfärbung und Nadelverlust durch Pilzinfektion (*Fabrella tsugae*)

EM: anfangs Vergilbung, später einheitliche Verbräunung älterer Nadeln (a), die bald abfallen; im Sommer nadelunterseits wenige, ca. 0,5 mm große, rundliche bis ovale, kissenförmig erhabene, gelbliche bis bräunliche Fruchtkörper (b) mit Asci und je vier Ascosporen; schwach pathogener Pilz mit langer Inkubationszeit

VM: natürliche Nadelalterung

GM: Ausschneiden befallener Äste; keine Pflanzung unter Schirm (stagnierende, hohe Luftfeuchtigkeit fördert Befall); nach Abfallen der Nadeln Bodenabdeckung mit dicker Mulchschicht

Ulmus (Ulme)

- **an Blättern, Trieben**
– Blattbräune nach sommerlicher Trockenheit und intensiver Sonnenbestrahlung, besonders bei Gold-Ulme: Abb. 367
– interkostale Blattbräune durch Magnesiummangel: Abb. 372
– Scheckung der Blätter: chlorotische Ringflecken und Linienmuster durch Virusinfektion: Abb. 368
– weißlicher Blattüberzug durch Echten Mehltaupilz (*Phyllactinia nivea*): LIT 10
– Blattfleckung durch verschiedene Pilzarten, z. B. *Mycosphaerella ulmi*, Syn. *Phloeospora ulmi*: Abb. 373 oder *Dothidella* (*Platychora*) *ulmi*: schwarze, krustenartige Stromata mit *Piggotia*-Konidien (Tafel I/17)
– Blattwelke durch „Holländische Ulmenkrankheit“ (*Ophiostoma novo-ulmi*): Abb. 374
– Absterben einzelner Triebe durch Pilzinfektion (*Botryosphaeria quercuum*): LIT 17
– zickzackartige Fraßschäden durch Ulmenblattwespe (*Aproceros leucopoda*): Abb. 371
– 3 bis 8 cm große, anfangs grüne, später braune Blasengalle durch Ulmenbeutelgallenlaus (*Eriosoma lanuginosum*): Abb. 370
– eingerollte, verdickte, helle Blattränder durch Ulmenblattrollenlaus (*Eriosoma ulmi*): Abb. 369a
– helle Blattfleckung mit beutelartigen Auftreibungen blattoberseits durch Ulmenblattgallenlaus (*Tetraneura ulmi*): Abb. 369b
– knötchenartige, glatte (*Aceria ulmicola*): Abb. 369c oder behaarte Blattgalle (*Aceria brevipunctata*): Abb. 369d
– weißliche Sprenkelung durch Saugen von Zwergzikaden (häufige Art: *Typhlocyba ulmi*)
– an Trieben Kolonien von Schildläusen, z. B. Wollige Napfschildlaus (*Pulvinaria regalis*): vgl. Abb. 31 oder Gemeine Kommaschildlaus (*Lepidosaphes ulmi*): Schilde miesmuschelförmig, gelblich braun, 2 bis 3 mm lang

- **an Ästen, am Stamm, im Holz**
– Wunden am Stamm mit Schleimfluss durch Bakterieninfektion im Kernholzbereich (Nassfäule): vgl. Abb. 204
– Kronenwelke und Baumsterben durch Welkepilze (*Verticillium dahliae*): vgl. Abb. 22
– Absterben von Ästen durch Rotpustelpilz (*Nectria cinnabarina*): vgl. Abb. 17
– welkende Blätter, absterbende Äste und Bäume durch „Holländische Ulmenkrankheit“ (*Ophiostoma novo-ulmi*): Abb. 374
– Welkesymptome sowie Absterben von Bäumen; Fraßgänge unter der Rinde durch Ulmensplintkäfer (*Scolytus*-Arten): LIT 18
– Welken und Absterben von Ästen in der Krone; Fraßgänge im Stamm durch Raupen des Weidenbohrers (*Cossus cossus*): vgl. Abb. 301 oder in Ästen jüngerer Bäume durch Raupen des Blausiebs (*Zeuzera pyrina*): vgl. Abb. 174

Abb. 367: Aufhellung und Nekrose sonnenexponierter Blätter der Gold-Ulme

EM: hellgelbe bis weißliche Verfärbung der Blattspreiten und Nekrosen an den lichtexponierten Blättern dieser ansonsten leuchtend gelben, später gelbgrünen Sorte
VM: Nährstoffmangel
GM: insbesondere auf trockenen Böden absonnigen Standort wählen

Abb. 368: Sprenkelung, Linien und Ringmuster durch neuartiges Ulmen-Carlavirus

EM: je nach Virus oder Mischinfektion sowie physiologischem Zustand der Blätter unterschiedlich ausgeprägte, mehr oder weniger scharf begrenzte chlorotische bis nekrotische Zeichnung (Sprenkel, Scheckung, Mosaike, Linien und Ringe) auf der Blattspreite
VM: andere Viren (LIT 16); Nährstoffmangel
GM: nicht möglich

Abb. 369: Gallenbildung durch Blasenläuse (a, b) oder Gallmilben (c, d)

EM: a) Ulmenblattrollenlaus (*Eriosoma ulmi*): Blattränder eingerollt, hellgrün, im Inneren wachsbepuderte, grüne Läuse; im Frühjahr Abwandern geflügelter Läuse auf Wurzeln von *Ribes*-Arten
b) Ulmenblattgallenlaus (*Tetraneura ulmi*): keulenförmige, grüngelbe bis rötliche Gallen blattoberseits, Umgebung hell gefleckt, später schwarz werdend; Abwandern der Läuse auf Gräser
c) Ulmengallmilbe (*Aceria ulmicola*): beidseitig zahlreiche, 1 mm große, gelblich grüne Knötchen mit Öffnung unterseits, innen weiße Milben
d) Ulmenbeutelgallmilbe (*Aceria brevipunctata*): blattoberseits 2 mm hohe, gelblich grüne, behaarte Gallen

VM: andere Gallen (LIT 4)

GM: nicht erforderlich; ggf. Wirtswechsel durch Abstand zu Wechselwirten erschweren

Abb. 370: Blasengalle durch Saugen der Ulmenbeutelgallenlaus (*Eriosoma lanuginosum*)

EM: Umwandlung eines Blattes zu einer beutelförmigen, höckerigen, 3 bis 8 cm großen Blasengalle, anfangs rötlich-grün (a), später schwarz, nicht abfallend (b); ab Herbst Abwandern der Läuse auf Wurzeln der Birne (Birnenblutlaus)

VM: unverwechselbar

GM: im Frühsommer Ausschneiden stark befallener Äste; keine Anpflanzung von Ulmen nahe Birnbäumen

Abb. 371: Fraßschäden durch Afterraupen der Zickzack-Ulmenblattwespe (*Aproceros leucopoda*)

EM: ab Mitte Mai typischer, zickzackartiger Larvenfraß (a); am Ende Verbleib nur der Mittelrippe; bei starkem Befall Kronenverlichtung; Imago braunschwarz, mit hellen Beinen (b); seit 2013 in Deutschland nachgewiesen

VM: Schadbild unverwechselbar

GM: bisher nicht erforderlich

Abb. 372 (oben)**:** Chlorotische bis nekrotische Blattverfärbung durch Magnesiummangel

EM: dunkelbraune Verfärbung zwischen Seitennerven älterer Blätter, vor allem auf kalkreichen Böden
VM: *Mycosphaerella ulmi*, Syn. *Phloeospora ulmi* (Abb. 373); Dürreschäden
GM: bedarfsgerechte Düngung

Abb. 373 (unten)**:** Blattfleckung durch Pilzinfektion (*Mycosphaerella ulmi*, Syn. *Phloeospora ulmi*)

EM: blattoberseits gelbe (a), später verbräunende Flecke; unterseits Fruchtkörper (b, hier mit Sporenranken); Konidien farblos, mehrzellig (Tafel II/17)
VM: Nährstoffmangel (Abb. 372)
GM: nicht erforderlich

Abb. 374: Welkende Blätter, Absterben des ganzen Baumes durch Pilzinfektion (*Ophiostoma novo-ulmi*), „Holländische Ulmenkrankheit", „Ulmensterben"

EM: plötzlich Welke im Frühsommer (a) und Absterben einzelner Äste; unter der Rinde Verfärbung und Absterben des Kambiums; auf Astquerschnitten bräunliche Verfärbung des Gefäßbündelringes (b); Übertragung des Pilzes während des Reifungsfraßes von Ulmensplintkäfern (*Scolytus*-Arten); Einbohrlöcher im Stamm

VM: Welke durch Trockenheit; Triebsterben durch andere Pilzinfektionen, z. B. *Verticillium dahliae*

GM: erkrankte Bäume roden; bei Neuanpflanzung resistente Sorten bevorzugen; vorbeugend jährliche Impfung mit *Verticillium albo-atrum*

Viburnum (Schneeball)

- **an Blättern, Knospen, Blüten**
  – auf *Viburnum lantana* weißer, unscheinbarer Mycelrasen durch Echten Mehltaupilz (*Erysiphe hedwigii*): Abb. 378
  – Blattflecke durch Infektion mit anderen Pilzarten: Abb. 377
  – weißliche, sprenkelartige Fleckung durch Zwergzikaden-Befall
  – Blattdeformation durch Blattlaus-Befall (*Aphis viburni*): Abb. 375
  – Blattfraß durch Schneeballblattkäfer (*Pyrrhalta viburni*): Abb. 376

- **an Trieben, Ästen**
  – Triebwelke und Triebsterben durch Grauschimmel-Infektion
  – Aststerben; ringförmige, bräunliche Verfärbung auf Astquerschnitt durch Welkepilz (*Verticillium dahliae*): vgl. Abb. 22a
  – Welke einzelner Äste oder der gesamten Pflanze durch Infektion mit *Phytophthora*-Arten
  – spindelförmige Wucherungen durch Bakterieninfektion (*Rhizobium radiobacter*, Syn. *Agrobacterium tumefaciens*)

Abb. 375: Saugschäden durch Schwarze Schneeballblattlaus (*Aphis viburni*)

EM: Verformung und Einrollen junger Blätter als typisches Befallsmerkmal; geschädigte Triebe werden unansehnlich; in den Blattknäueln sowie auf Stängeln Kolonien grünlich schwarzer bis schwarzbräunlicher Läuse mit kurzen Siphonen; Larven bräunlich, mit weißem Wachs bedeckt

VM: Schwarze Bohnenlaus (*Aphis fabae*): Läuse blauschwarz (vgl. Abb. 102b)

GM: Entnahme befallener Triebspitzen solange Blattläuse vorhanden sind

Abb. 376: Fraßschäden durch Larven von Schneeballblattkäfer (*Pyrrhalta viburni*)

EM: an *Viburnum lantana* ab Mai/Juni siebartig durchlöcherte Blätter, an *Viburnum opulus* Löcher meist größer, unregelmäßiger (a); Skelettier- und Kahlfraß; Larven gesellig, grünlich gelb, mit strich- oder punktförmiger, schwarzer Zeichnung (b); Käfer 4 bis 6 mm, braun; weit verbreiteter Schädling (c)

VM: keine

GM: nach häufigerem Auftreten zu Befallsbeginn Behandlung mit einem gegen beißende Insekten zugelassenen Insektizid

Abb. 377: Blattfleckung durch Pilzinfektionen

EM: a) *Sphaceloma viburni*: 2 bis 3 cm große, unregelmäßig rundliche bis gezackte, hellbraune Flecke mit Zonierung, Acervuli blattunterseits, Konidien einzellig;
b) *Phyllosticta opuli*: rundliche bis eckige, weißgraue Flecke, zentrale Nekrose später herausfallend

VM: andere Pilzarten, z. B. *Boeremia exigua*, Syn. *Phoma viburni*: Blattflecke braun, auch auf der Rinde, Zweigsterben verursachend, Konidien mehrzellig; *Ascochyta tenerrima*: Konidien zweizellig (Tafel I/16); *Septoria viburni*: Konidien fadenförmig (LIT 9, 17)

GM: nicht erforderlich

Abb. 378: Weißliche Blattflecke durch Echten Mehltaupilz (*Erysiphe hedwigii*)

EM: blattoberseits verschieden große, rundliche, oft zusammenfließende Flecke aus zartem, weißem Mycel; Konidienträger mit tönnchenförmigen Konidien; Hauptfruchtform beidseitig, anfangs gelblich, später dunkler, mit 2 bis 4 Asci; nur auf *Viburnum lantana* sowie einigen Schneeball-Kulturformen

VM: *Erysiphe viburni* auf *Viburnum opulus* (LIT 10)

GM: nicht erforderlich

Wisteria (Glyzine, Blauregen)

- **an Blättern**
- – chlorotische Fleckung sowie Adernverfärbung durch Virusinfektion: Abb. 379
- – Blattverfärbung durch Echten Mehltaupilz (*Erysiphe trifoliorum*): Abb. 380
- – Blattflecke durch andere Pilzarten (z. B. *Phyllosticta wisteriae, Septoria wisteriae*): LIT 9
- – Blätter hellgelb gesprenkelt, teilweise vertrocknend oder abfallend durch Spinnmilben-Befall (*Tetranychus urticae*)

Abb. 379: Chlorotische Blattflecke und Adernverfärbung durch Wisteria-Adernmosaikvirus

EM: auf gesamter Blattspreite zahlreiche chlorotische Flecke sowie gelbliche Verfärbung der Hauptadern, Blattdeformation

VM: Eisenmangel: Verfärbung der Blattspreite, Adernbereich bleibt grün

GM: nicht möglich

Abb. 380: Blattflecke und -verfärbung durch Echten Mehltaupilz (*Erysiphe trifoliorum*)

EM: unscheinbarer Mycelüberzug beidseitig; violette bis bräunliche, diffuse Blattverfärbung

VM: frühe Infektionsstadien von Virusinfektionen

GM: nicht erforderlich

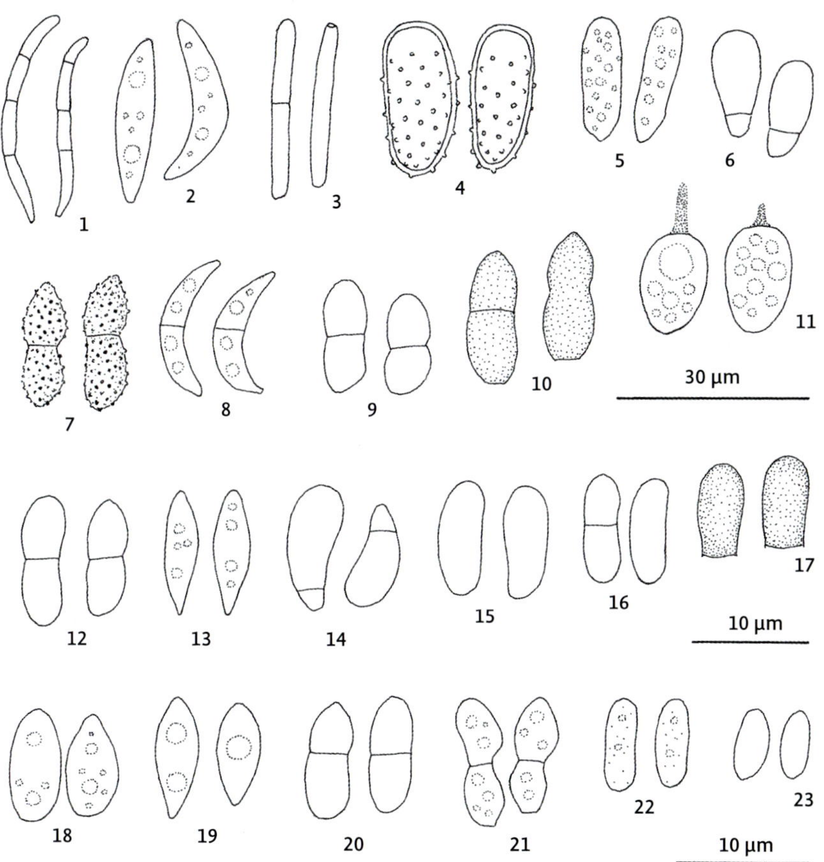

Sporentafel I

1 *Septoria cornicola*
2 *Colletotrichum trichellum*
3 *Ramularia sambucina*
4 *Melampsoridium betulinum*
5 *Colletotrichum gloeosporioides*
6 *Marssonina brunnea*
7 *Fusicladium betulae*
8 *Marssonina juglandis*
9 *Ascochyta grandispora*
10 *Fusicladium pomi*
11 *Phyllosticta concentrica*
12 *Ascochyta syringae*
13 *Volutella buxi*
14 *Marssonina salicicola*
15 *Monostichella salicis*
16 *Ascochyta tenerrima*
17 *Piggotia ulmi*
18 *Phyllosticta cornicola*
19 *Phomopsis stictica*
20 *Ascochyta ligustri*
21 *Marssonina rosae*
22 *Sphaceloma rosarum*
23 *Phoma hedericola*

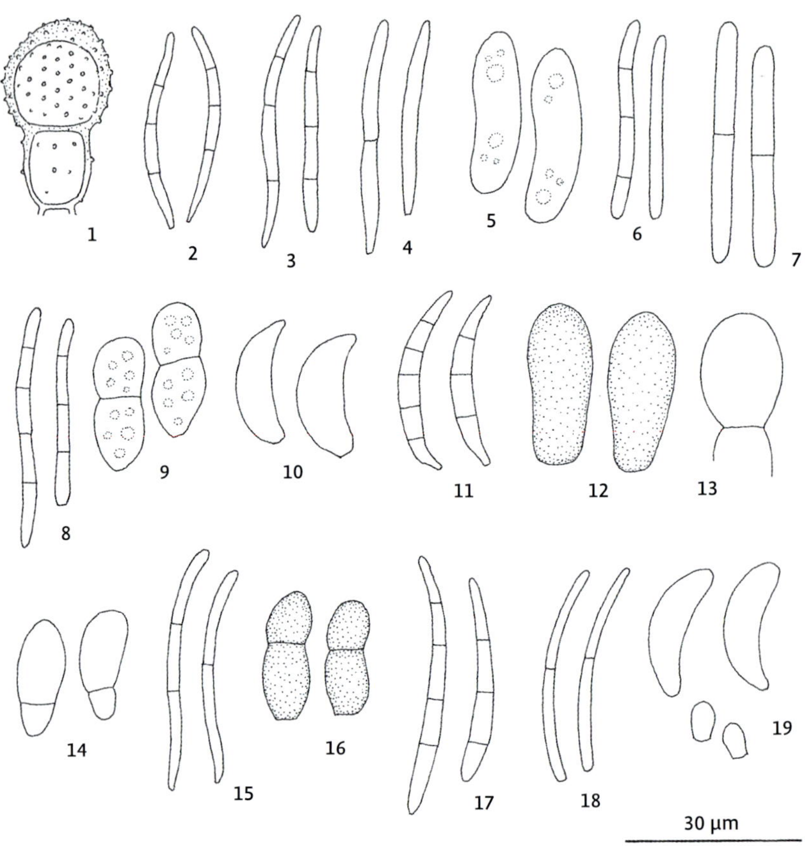

Sporentafel II

1 *Tranzschelia discolor*
2 *Brunchorstia pinea*
3 *Septoria quercicola*
4 *Cercospora ligustrina*
5 *Dothiorella candollei*
6 *Dothistroma septosporum*
7 *Cylindrocladium buxicola*
8 *Cercospora microsora*
9 *Marssonina betulae*
10 *Kabatia periclymeni*
11 *Fusarium roseum*
12 *Sphaeropsis sapinea*
13 *Podosphaera pannosa*
14 *Marssonina castagnei*
15 *Phloeospora robiniae*
16 *Pollaccia saliciperda*
17 *Phloeospora ulmi*
18 *Septoria populi*
19 *Gloeosporidiella ribis*

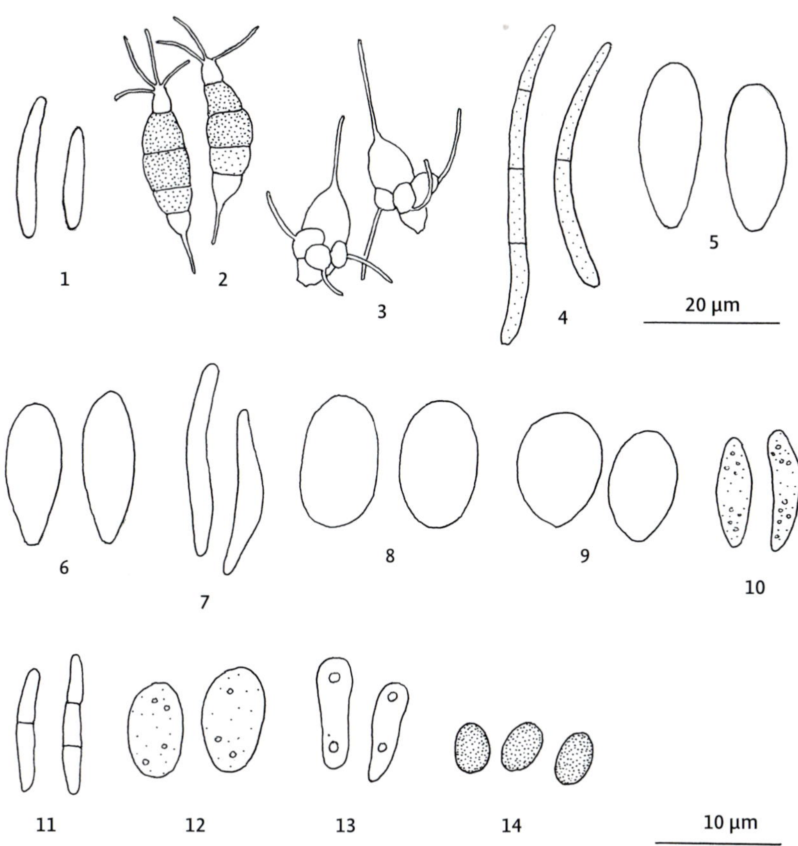

Sporentafel III

1 *Discula betulina*
2 *Pestalotiopsis funerea*
3 *Entomosporium mespili*
4 *Pseudocercospora depazeoides*
5 *Dothiorella mali*
6 *Discula platani*
7 *Asteroma carpini*
8 *Monostichella robergei*
9 *Discosporium populeum*
10 *Discula destructiva*
11 *Myriellina cydoniae*
12 *Cryptocline taxicola*
13 *Phomopsis juniperivora*
14 *Cryptostroma corticale*

Anschriften der Pflanzenschutzdienste

Baden-Württemberg
Landwirtschaftliches Technologiezentrum Augustenberg
76227 Karlsruhe, Neßlerstraße 25
Tel.: 0721 9468-0
E-Mail: poststelle@ltz.bwl.de
www.ltz-bw.de

Bayern
Bayerische Landesanstalt für Landwirtschaft
Institut für Pflanzenschutz
85354 Freising, Lange Point 10
Tel.: 08161 8640-5650
E-Mail: ips@LfL.bayern.de
www.LfL.bayern.de/ips

Berlin
Pflanzenschutzamt Berlin
12347 Berlin, Mohriner Allee 137
Tel.: 030 700006-255
E-Mail: pflanzenschutzamt@senumvk.berlin.de
www.berlin.de/pflanzenschutzamt

Brandenburg
Landesamt für Ländliche Entwicklung, Landwirtschaft und Flurneuordnung
Pflanzenschutzdienst
15236 Frankfurt/Oder, Müllroser Chaussee 54
Tel.: 0335 60676-2100
E-Mail: poststelle.pflanzenschutzdienst@LELF.brandenburg.de
www.mlul.brandenburg.de

Bremen
Lebensmittelüberwachungs-, Tierschutz- und Veterinärdienst des Landes Bremen
Pflanzenschutzdienst
28207 Bremen, Lötzener Str. 3
Tel.: 0421 361-89204
E-Mail: psd-hb@lmtvet.bremen.de
www.lmtvet.bremen.de

Hamburg
Behörde für Wirtschaft, Verkehr und Innovation
Pflanzenschutzamt Hamburg
22113 Hamburg, Brennerhof 123
Tel.: 040 42841-5300
E-Mail: pflanzenschutzdienst@bwvi.hamburg.de
www.hamburg.de/pflanzenschutzamt

Hessen
Regierungspräsidium Gießen
Pflanzenschutzdienst
35578 Wetzlar, Schanzenfeldstr. 8
Tel.: 0641 303-5227
Email: psd-wetzlar@rpgi.hessen.de
www.pflanzenschutzdienst.rp-giessen.de

Mecklenburg-Vorpommern
Landesamt für Landwirtschaft, Lebensmittelsicherheit und Fischerei Mecklenburg-Vorpommern, Pflanzenschutzdienst
18059 Rostock, Graf-Lippe-Str. 1
Tel.: 0385 588-61000
E-Mail: pflanzenschutzdienst@lallf.mvnet.de
www.lallf.de

Niedersachsen
Landwirtschaftskammer Niedersachsen
Pflanzenschutzamt
30453 Hannover, Wunstorfer Landstraße 9
Tel.: 0511 4005-0
E-Mail: pflanzenschutzamt@lwk-niedersachsen.de
www.lwk-niedersachsen.de

Landwirtschaftskammer Niedersachsen
Pflanzenschutzamt
Zierpflanzenbau, Baumschulen, öffentliches Grün
26121 Oldenburg, Sedanstraße 4
Tel.: 0441 801-762
E-Mail: pflanzenschutzamt@lwk-niedersachsen.de
www.lwk-niedersachsen.de

Nordrhein-Westfalen
Landwirtschaftskammer Nordrhein-Westfalen
Pflanzenschutzdienst
50765 Köln-Auweiler, Gartenstraße 11
Tel.: 0221 5340-401
E-Mail: pflanzenschutzdienst@lwk.nrw.de
www.landwirtschaftskammer.de/landwirtschaft/pflanzenschutz

Rheinland-Pfalz
Ministerium für Wirtschaft, Verkehr, Landwirtschaft und Weinbau Rheinland-Pfalz
Pflanzenschutzdienst
55116 Mainz, Stiftsstraße 9
Tel.: 06131 16-0
E-Mail: poststelle@mwvlw.rlp.de
www.pflanzenschutz.rlp.de

Saarland
Landwirtschaftskammer für das Saarland
Pflanzenschutzdienst
66450 Bexbach, In der Kolling 11
Tel.: 06826 82895-0
E-Mail: info@lwk-saarland.de
www.lwk-saarland.de

Sachsen
Sächsisches Landesamt für Umwelt, Landwirtschaft und Geologie
Referat 73: Pflanzenschutz
Tel.: 035242 631-7300
E-Mail:
poststelle.lfulg@smekul.sachsen.de
www.lfulg.sachsen.de

Sachsen-Anhalt
Landesanstalt für Landwirtschaft und Gartenbau
Dezernat 23 – Allgemeiner Pflanzenschutz, Pflanzengesundheit
06406 Bernburg, Strenzfelder Allee 22
Tel.: 03471 334-341
E-Mail: pflanzenschutz@llfg.mule.sachsen-anhalt.de
https://llg.sachsen-anhalt.de/

Schleswig-Holstein
Landwirtschaftskammer Schleswig-Holstein
Abteilung Pflanzenbau, Pflanzenschutz und Umwelt
Fachbereich Pflanzenschutz
24768 Rendsburg, Grüner Kamp 15–17
Tel.: 04331 9453-0
E-Mail: psd-Rendsburg@lksh.de
www.lksh.de

Thüringen
Thüringer Landesanstalt für Landwirtschaft
Referat 23 – Pflanzenschutz und Saatgut
99090 Erfurt, Kühnhäuser Straße 101
Tel.: 0361 574198-000
E-Mail: pflanzenschutz@tllr.thueringen.de
www.tlllr.thueringen.de

Gegebenenfalls aktualisierte Adressen der Pflanzenschutzdienste finden Sie im Internet beim Bundesamt für Verbraucherschutz und Lebensmittelsicherheit (BVL):
www.bund.bvl.de.
Suchfunktion: Amtliche Auskunftsstellen für Pflanzenschutz der Länder

Bildquellen

BRAND, T., Rastede: Umschlagbild; Zeichnung Seite 5; Abb. 19a, b; 21c; 24; 25; 30d; 44a, b; 55; 62a; 74a, b; 75; 79; 83; 86a; 89; 93; 94a, b, c; 107a, b, c, d; 117; 122b; 136; 141b; 146; 164; 165a; 166; 168c; 169; 174a; 176; 178; 196; 197b; 199; 200; 210b; 219; 224; 243c; 246b, c; 247a, b, c; 249; 255; 272; 274a; 276; 277; 286b; 287b; 288b; 293; 297a, b; 308a; 327; 333b; 335b; 337a, b; 338; 348; 349; 350b, c; 356a, b; 359a; 364a; 367; 368; 375; 376c; 379; 380
Bundesforschungs- und Ausbildungszentrum für Wald, Naturgefahren und Landschaft, Institut für Waldschutz, Wien: Abb. 174b
DALCHOW, J., Sigmaringen: Abb. 49d
GRÜNER, J., Freiburg: Seite 2; Abb. 20; 21a, b; 66; 67; 73; 104b; 114; 248; 319
HINRICHS-BERGER, J., Bietigheim-Bissingen: Abb. 173a, b, c
KEHR, R., Göttingen: Abb. 11b; 22a; 35; 68; 202a, b, c, d; 205c; 240c; 241b; 301a; 321c; 341b; 361b, c, d
KOZIK, U., Wolfenbüttel: Abb. 70b; 86b; 110a; 129b
METZLER, B., Denzlingen: Abb. 69; 135
NIENHAUS, F., Buschhoven: Abb. 31; 41c; 47b; 158; 227b; 285; 292a, b; 318; 328; 345; 359c
NIKUSCH, I., Offenburg: Abb. 57a, b, c; 71; 99; 295; 351a, b
PEHL, L., Braunschweig: Abb. 29b, c; 191b
SANDER, F., Freiburg: Abb. 182a, b
SCHEDLITZKI, D., Dortmund: Abb. 273b
SCHMIDT, C., Weinheim: Abb. 321b
SCHNEIDEWIND, A., Quedlinburg: Abb. 18b
SCHOPPELREY, W., Regensburg: Abb. 361a
SCHRÖDER, T., Bonn: Abb. 23a, b, c, d; 302; 371a, b
SCHUMACHER, J., Eberswalde: Abb. 128c
WIDMANN, P., Bruckmühl: Abb. 251d
WILHELM, M., Allschwil/Schweiz: Abb. 351b
WONSACK, D., Freiburg: Abb. 250
WULF, A., Salzdahlum: Abb. 16c; 183a, b
ZIMMERMANN, G., Darmstadt: Abb. 246a
ZIMMERMANN, O., Bruchsal: Abb. 72a, b
ZUNKE, U., Hamburg: Abb. 262a, b

Alle übrigen Bilder (472) einschließlich der Sporentafeln (3) stammen von HEINZ BUTIN, Wolfenbüttel.

Umschlagmotiv:
Acer palmatum mit Trockenschäden

Literatur

1. AMELUNG, C., KEHR, R. (2007): Kronensterben der Pappel – Krankheitsentwicklung im Jahr 2006. Jahrbuch der Baumpflege 2007, 267–277.
2. AMELUNG, C., KEHR, R. (2008): Schwere Schäden an *Crataegus* durch Prachtkäfer (*Agrilus* spp.). Jahrbuch der Baumpflege 2008, 203–209.
3. BEDLAN, G. (2018): Erstnachweis von *Boeremia exigua* var. *forsythiae* und *Cladosporium forsythiae* an *Forsythia* sp. in Österreich. J Kulturpflanzen 70, 314–316.
4. BELLMANN, H. (2012): Geheimnisvolle Pflanzengallen. Quelle & Meyer Verlag, Wiebelsheim.
5. BERENDES, K. H., PEHL, L. (2003): Der Asiatische Laubholzbockkäfer (*Anoplophora glabripennis* Motschulsky) – ein neues Risiko für den Baumbestand. Nachrichtenbl. Deut. Pflanzenschutzd. 55, 93–98.
6. BÖHMER, B., WOHANKA, W. (2021): Krankheiten & Schädlinge an Zierpflanzen, Obst und Gemüse. 3. Aufl., Verlag Eugen Ulmer, Stuttgart.
7. BRAND, T. (2005): Auftreten von *Cylindrocladium buxicola* B. Henricot an Buchsbaum in Nordwest-Deutschland. Nachrichtenbl. Deut. Pflanzenschutzd. 57, 237–240.
8. BRAND, T., BUTIN, H. (2014): Erstnachweis von *Lophodermium cedrinum* in Deutschland – Erreger einer Nadelschütte an *Cedrus* spp. J Kulturpflanzen 66, 307–311.
9. BRANDENBURGER, W. (1985): Parasitische Pilze an Gefäßpflanzen in Europa. Gustav Fischer Verlag, Stuttgart.
10. BRAUN, U., COOK, R. T. A. (2012): Taxonomic manual of the Erysiphales (Powdery Mildews). CBS, Utrecht.
11. BUTIN, H. (2019): Krankheiten der Wald- und Parkbäume. 2. Aufl., Verlag Eugen Ulmer, Stuttgart.
12. BUTIN, H., BRAND, T., MAIER, W. (2015): *Sirococcus tsugae* – Erreger eines Triebsterbens an *Cedrus atlantica* in Deutschland. J Kulturpflanzen 67, 124–128.
13. CECH, T. (2019): Rindenläsionen am Stamm von Hainbuchen, assoziiert mit *Anthostoma decipiens*. Forstschutz Aktuell 65, 45–50.
14. CECH, T., JANKOVSKÝ, L. (2022): Baumpilze. Verlag Eugen Ulmer, Stuttgart.
15. DUBACH, V., QUELOZ, V., STROHEKER, S. (2022): Nadel- und Triebkrankheiten der Föhre. Merkbl. für die Praxis 70. Eidg. Forschungsanst. Birmensdorf (Schweiz).
16. EISOLD, A.-H., BANDTE, M., LANGER, J., ROTT, M., BÜTTNER, C. (2014): Pflanzenpathogene Viren im Urbanen Grün. Jahrbuch der Baumpflege 2014, 215–225.
17. ELLIS, M. B., ELLIS, J. P. (1985): Microfungi on Land Plants. An Identification Handbook. Croom Helm, London und Sydney.
18. HARTMANN, G., BUTIN, H. (2017): Farbatlas Waldschäden. Diagnose von Baumkrankheiten. 4. Aufl., Verlag Eugen Ulmer, Stuttgart.
19. HOEGGER, P. J., RIGLING, D., HOLDENRIEDER, O., HEINIGER, U. (2002): *Cryphonectria radicalis*: rediscovery of a lost fungus. Mycologia 94, 105–115.
20. JOHN, R., GRÜNER, J., SEITZ, G., DELB, H. (2019): Buchen in Südwestdeutschland leiden unter dem Trockenstress der Vorjahre. FVA-Waldschutz-Info 3/2019.
21. Julius Kühn-Institut (2019): Japankäfer *Popillia japonica*. www.julius-kuehn.de/media/Veroeffentlichungen/Flyer/Japankaefer.pdf.
22. KEHR, R., GRÜNER, J., SCHMIDT, C. (2020): Triebschäden an Mammutbaum (*Sequoiadendron giganteum*) durch *Neofusicoccum parvum* in Deutschland nachgewiesen. Jahrbuch der Baumpflege 2020, 329–338.

23. KEHR, R., SCHUMACHER, J. (2014): Neue Schadsymptome an Baum-Hasel. TASPO Baum-Zeitung 2, 27–29.
24. KESPOHL, S., GRÜNER, J., ENDERLE, R., RIEBESEHL, J., RAULF, M. (2022): Exogen allergische Alveolitis (EAA) durch den Erreger der Rußrindenkrankheit (*Cryptostroma corticale*) – Eine diagnostische Herausforderung. IPA-Journal 1/2022, 26–30.
25. KLENKE, F., SCHOLLER, M. (2015): Pflanzenparasitische Kleinpilze. Springer Verlag, Berlin.
26. KÖHLER, J., KEHR, R. (2013): Starkes Auftreten der Maulbeerschildlaus an Japanischem Schnurbaum im öffentlichen Grün. Jahrbuch der Baumpflege 2013, 272–277.
27. LEHMANN, M. (2005): Lindenminiermotte (*Phyllonorycter issikii* KUMA) – ein neuer Schädling in Deutschland. Jahrbuch der Baumpflege 2005, 177–180.
28. LEHMANN, M., GLAVENDEKIC, M. (2012): Die Gallmücke *Obolodiplosis robiniae* (Haldeman 1847) und andere Insektenarten an Robinie. Jahrbuch der Baumpflege 2012, 276–282.
29. LEHMANN, M., SOBZCYK, T. (2008): Der Zweifarbige Thujaborkenkäfer *Phloeosinus aubei* an Zier-Cupressaceen in Ostdeutschland. Jahrbuch der Baumpflege 2008, 225–231.
30. LUCHI, N., CAPRETTI, P., FEDUCCI, M., VANNINI, A., CECCARELLI, B., VETTRAINO, A. (2015): Latent infection of *Biscogniauxia nummularia* in *Fagus sylvatica*: a possible bioindicator of beech health conditions. iForest-Biogeosciences and Forestry 9, e1-e6.
31. NIENHAUS, F., KIEWNIK, L. (1998): Pflanzenschutz bei Ziergehölzen. Verlag Eugen Ulmer, Stuttgart.
32. Nordwestdeutsche Forstliche Versuchsanstalt (2016): Eschentriebsterben. Praxis-Information Nr. 4.
33. RIGLING, D., SCHÜTZ-BRYNER, S., HEININGER, U., PROSPERO, S. (2014): Der Kastanienrindenkrebs. Merkbl. für die Praxis 54. Eidg. Forschungsanst. Birmensdorf (Schweiz).
34. ROHE, W. (2020): Die Brutbilder der wichtigsten Forstinsekten. Quelle & Meyer Verlag, Wiebelsheim.
35. SCHMIDT, O., DUJESIEFKEN, D., STOBBE, H., MORETH, U., KEHR, R., SCHRÖDER, T. (2008): *Pseudomonas syringae* pv. *aesculi* associated with horse chestnut bleeding canker in Germany. For. Path. 38, 124–128.
36. SCHMUTTERER, H. (1998): Die Spindelstrauch-Deckelschildlaus *Unaspis euonymi* (Const.) als neuer Zierpflanzenschädling in Deutschland. Nachrichtenbl. Deut. Pflanzenschutzd. 50, 170–172.
37. SCHRÖDER, T., WEIGERSDORFER, D. (2007): Die Japanische Esskastanien-Gallwespe (*Dryocosmus kuriphilus*), ein neuer Schädling an Esskastanie in Europa. Jahrbuch der Baumpflege 2007, 315–320.
38. SCHUMACHER, J., SCHRÖDER, T. (2007): *Phytophthora*-Erkrankungen an Bäumen – aktuelle Bedeutung in Deutschland und Europa. Jahrbuch der Baumpflege 2007, 126–142.
39. VOGLMAYR, H., KAKLITSCH, W. (2008): *Prosthecium* species with *Stegonsporium* anamorphs on Acer. Mycological Research 112, 885–905.
40. WONSACK, D., THOMAS, L. (2021): Ein neuer Schädling an der Eiche! Nachweis der Eichennetzwanze (*Corythucha arcuata*) in Baden-Württemberg bestätigt. FVA-Waldschutz-Info 4/2021.

Gesetz zur Neuordnung des Pflanzenschutzrechts, Artikel 1, Abschnitt 1, § 2 – Bundesgesetzblatt 2012, Teil I, Nr. 7, S. 148–182 (zitierte Definition S. 150).

Register

Deutsche Namen der behandelten Gehölzgattungen

Namen der Krankheiten, Krankheitserreger und Schädlinge

E

F

R

Die Autoren

Dr. Thomas Brand,
Fachreferent für Zierpflanzenbau, Baumschule, öffentliches Grün im Pflanzenschutzamt, Landwirtschaftskammer Niedersachsen, Oldenburg

Dr. Jörg Grüner,
Leiter des Fachgebiets Phytopathologie & Mykologie, Abteilung Waldschutz, Forstliche Versuchs- und Forschungsanstalt Baden-Württemberg (FVA), Freiburg i. Br.

Anmerkung: Gendergerechtigkeit und Inklusion sind bei uns gelebte Praxis – bei der Auswahl unserer Themen, bei der Recherchearbeit, in der Gestaltung. Unsere Texte meinen alle. Damit unsere Inhalte jedoch gut lesbar bleiben, verzichten wir in diesem Werk auf die jeweilige Mehrfachnennung oder Anpassung der Schreibweise bestimmter Bezeichnungen an die weibliche, männliche oder unbestimmte Form. Wir bitten Sie dafür um Ihr Verständnis.

Bibliografische Information der Deutschen Nationalbibliothek
Die Deutsche Nationalbibliothek verzeichnet diese Publikation in der Deutschen Nationalbibliografie; detaillierte bibliografische Daten sind im Internet über http://dnb.d-nb.de abrufbar.

Wollgrasweg 41, 70599 Stuttgart (Hohenheim)
E-Mail: info@ulmer.de
Internet: www.ulmer.de
Projektleitung: Birgit Schüller
Herstellung: Isabell Scherrieble
Umschlagentwurf: Verlag Eugen Ulmer
Satz 6. Aufl.: r&p digitale medien, Echterdingen
Druck und Bindung: Livonia Print, Riga
Printed in Latvia

ISBN 978-3-8186-2052-3